人工智能导论

RENGONG ZHINENG DAOLUN

李征宇　付杨　吕双十　主编

哈尔滨工程大学出版社

内容简介

本书较全面地介绍了人工智能领域的基本原理、技术和方法,以及国内外一些经典的应用实例。全书共9章,第1章阐述人工智能研究的发展、基本技术和应用领域;第2章介绍知识表示的常见方法;第3章至第5章讨论问题求解的搜索策略和推理方法,包括状态图搜索、与/或树搜索和博弈对策等搜索策略,对确定性推理中主要陈述消解反演和规则演绎,对非确定性推理主要介绍了概率贝叶斯方法和非单调推理;第6章至第8章说明了人工智能技术的主要应用,包括专家系统、机器学习以及自然语言理解;第9章阐述遗传算法的原理、经典算法、高级算法以及应用。

本书内容丰富,叙述清晰,示例典型,重点描述基本概念、思想和算法,兼顾领域的研究发展趋势。

本书可作为高等院校计算机及有关专业本科生教材或教学辅导用书,也可供相关领域的科研与工程技术人员参考使用。

图书在版编目(CIP)数据

人工智能导论/李征宇,付杨,吕双十主编. —哈尔滨:哈尔滨工程大学出版社,2016.12(2021.9重印)
ISBN 978 – 7 – 5661 – 1425 – 9

Ⅰ.①人… Ⅱ.①李… ②付… ③吕… Ⅲ.①人工智能 Ⅳ.①TP18

中国版本图书馆 CIP 数据核字(2016)第 304938 号

选题策划 刘凯元
责任编辑 张忠远　马毓聪
封面设计 博鑫设计

出版发行　哈尔滨工程大学出版社
社　　址　哈尔滨市南岗区南通大街 145 号
邮政编码　150001
发行电话　0451 – 82519328
传　　真　0451 – 82519699
经　　销　新华书店
印　　刷　哈尔滨圣铂印刷有限公司
开　　本　787 mm × 1 092 mm　1/16
印　　张　12.25
字　　数　340 千字
版　　次　2016 年 12 月第 1 版
印　　次　2021 年 9 月第 2 次印刷
定　　价　35.00 元

http://www.hrbeupress.com
E-mail:heupress@ hrbeu.edu.cn

前　言

人工智能作为一门前沿交叉学科，尽管其形成和发展已有多年的历史且其间取得过不少令人鼓舞的成就，但时至今日，距离应用机器真正实现人类智能的目标依旧存在不小的差距，故至今它仍然备受重视和关注，是非常具有吸引力的研究领域。

本书是针对普通工科高等院校和重点院校中部分专业及自学爱好者的需要，特别是高等院校人工智能导论课程的要求，由多年从事人工智能教学且具有丰富教学经验的教师精心策划编写的一本通用教材。本书编写的特点是：全面简洁地介绍人工智能的基本理论、技术和方法，结合典型实例，方便理解掌握；章节的安排重点体现知识表现形式和搜索推理技术在人工智能方法学中的核心地位；在人工智能的高阶技术方面主要介绍现今较为成熟和经典的技术方法，作为相关领域的入门铺垫；全书在知识讲解和内容选择上，力求做到通俗易懂、深入浅出。

全书由沈阳建筑大学李征宇统稿，辽宁林业职业技术学院付杨编写第1章和第2章，辽宁林业职业技术学院吕双十编写第3章、第4章和第5章，沈阳建筑大学李征宇编写第6章和第7章，沈阳建筑大学陈宗胜编写第8章，沈阳建筑大学孙平编写第9章。最后，还要感谢沈阳建筑大学张野对书稿的精心校对。

由于编者水平有限，加之时间仓促，书中难免有不妥之处，敬请专家、同行和读者批评指正，以便不断完善。

编　者
2016年10月

目　　录

第1章　绪论 ·· 1
　1.1　人工智能概念与基础 ··· 1
　1.2　人工智能的研究与应用 ··· 10

第2章　知识表示 ··· 18
　2.1　相关概念 ··· 18
　2.2　谓词逻辑表示法 ··· 22
　2.3　产生式表示法 ··· 28
　2.4　语义网络表示法 ··· 35
　2.5　框架表示法 ·· 46
　2.6　过程表示法 ·· 49
　2.7　面向对象表示法 ··· 52

第3章　搜索策略 ··· 58
　3.1　相关概念 ··· 58
　3.2　状态图搜索 ·· 59
　3.3　与或树搜索 ·· 68
　3.4　博弈对策 ··· 72

第4章　确定性推理 ·· 74
　4.1　相关概念 ··· 74
　4.2　自然演绎推理 ··· 83
　4.3　消解反演推理 ··· 84
　4.4　基于规则的演绎推理 ··· 88

第5章　不确定性推理 ··· 91
　5.1　相关概念 ··· 91
　5.2　概率贝叶斯方法 ··· 99
　5.3　非单调推理 ·· 108

第6章　专家系统 ··· 114
　6.1　相关概念 ··· 114
　6.2　结构与工作原理 ··· 117
　6.3　知识获取 ··· 120
　6.4　专家系统的建造与评价 ··· 123
　6.5　专家系统的开发工具与开发环境 ······································· 130
　6.6　新型专家系统介绍 ·· 131

第7章　机器学习 ··· 134
　7.1　相关概念 ··· 134

7.2 机械学习 ………………………………………………………………………… 137
7.3 归纳学习 ………………………………………………………………………… 139
7.4 类比学习 ………………………………………………………………………… 142
7.5 解释学习 ………………………………………………………………………… 144
7.6 神经网络学习 …………………………………………………………………… 147

第 8 章 自然语言理解 …………………………………………………………………… 152
8.1 相关概念 ………………………………………………………………………… 152
8.2 语法分析 ………………………………………………………………………… 153
8.3 语义解释 ………………………………………………………………………… 156
8.4 语言理解 ………………………………………………………………………… 158
8.5 机器翻译 ………………………………………………………………………… 160
8.6 语音识别 ………………………………………………………………………… 163

第 9 章 遗传算法 ………………………………………………………………………… 166
9.1 相关概念 ………………………………………………………………………… 166
9.2 遗传算法的工作原理 …………………………………………………………… 169
9.3 经典遗传算法 …………………………………………………………………… 175
9.4 高级遗传算法 …………………………………………………………………… 184

参考文献 ……………………………………………………………………………………… 189

第1章 绪 论

1.1 人工智能概念与基础

1956年夏季,麦卡锡(J. McCarthy)、明斯基(M. L. Minsky)、香农(C. E. Shannon)等一群年轻的美国学者与朋友相约于达特茅斯大学(Dartmouth College)聚会。他们共同提出并讨论了"artificial intelligence"(人工智能,AI)这一话题,吹响了向人工智能这一新兴领域进军的号角,人工智能科学就这样诞生了。

伴随着计算机及信息科学的长足发展与进步,人工智能这一新兴研究领域吸引了众多的青年学者前赴后继地艰辛奋斗,迄今已经取得了许多世人瞩目的成就:战胜人类成为国际象棋世界冠军的机器人,具有情绪表现的玩具机器人,能够进行简单检测与判断操作的智能家用电器,各种具有复杂功能的智能飞行器等。人们把人工智能同宇航空间技术、原子能技术一起誉为20世纪对人类影响最为深远的三大前沿科学技术成就。与前三次工业革命(动力工业革命、能源工业革命、电子工业革命)的目标不同,人工智能宣称的目标不只在于实现人的肢体功能、体力工具的替代与延伸,更重要的是实现人的大脑功能和智慧能力的替代与延伸。

1.1.1 智能与人工智能

1. 什么是智能

(1) 智能的概念与表现特性

智能,顾名思义,就是智慧与能力。一般认为智能是指自然界中某个个体或群体,在客观活动中,表现出的有目的地认识世界并运用知识改造世界的一种综合能力。其中,尤其是人类智能,集中体现了人的聪明才智及其群体协调管理的高级智慧力量,并具有许多美妙的特性,诸如感知、学习、思维、记忆、联想、推理、决策、语言理解、图文表达、艺术欣赏、知识运用、规划创造等。虽然迄今揭示的宇宙变迁与星体运动形成的规律暗示我们人类尚不一定是宇宙中唯一的高级智慧生物,要揭示高级智能作用的本质,有待于对活体大脑进行更深层次的研究。

(2) 对智能的不同的认识观点

事实上,智能现象的本质是人类尚未探索明白的四大奥秘(宇宙起源、物质形态、生命活动、智能发生)之一。尽管如此,人类在对脑科学和智能认识的研究中,逐渐形成了许多不同的研究观点。其中,最著名并具代表性的理论有3种,即思维理论、知识阈值理论和"进化"理论。

思维理论又称认知科学,它认为智能的核心是思维,一切智慧及其知识均源于活体大脑的思维。因此,通过研究思维规律与思维方法,有望揭示智能的本质。

知识阈值理论强调知识对智能的重要影响和作用,认为知识集聚到某种满意程度时,将会触发智慧大门的开启。知识阈值理论把智能定义为在巨大搜索空间中迅速找到一个满意解的能力。这一理论曾经深刻地影响了人工智能的发展进程,专家系统、知识工程等就是在该理论的影响下而发展起来的。

"进化"理论强调智能可以由逐步进化的步骤来实现。这里的"进化"一词,借用了一百多年前英国著名科学家达尔文(Z. R. Darwin)提出的"物种进化,适者生存"的进化概念。中国学者涂序彦等人把进化论思想推广到智能科学研究领域,提出了智能可以逐步成长,亦可以逐渐进化的新思想理论。该理论恰巧与美国麻省理工学院(Massachusetts Institute of Technology,MIT)布鲁克(R. A. Brooks)教授提出的行为论观点有许多异曲同工之妙。布鲁克认为:智能行为可以在"没有表达"和"没有推理"的情况下发生,智能可以在低层次信息境遇(situated-ness)交互方式下,依感知经验"激励-响应"模式来浮现(emergence)出来。例如,生物体的智能行为可以由生物躯体局部感知或感官反应信息直接驱动来实现。"进化"理论和行为论的观点都是最近十来年才被提出来的,又与传统看法完全不同,因而引起了人工智能界的广泛关注与兴趣。

(3)智能原理与智能层次结构

以人类智能为例,智能活动与人的神经系统自适应调节工作密切相关。神经系统通过分布在身体各部分的感受器获取内、外界环境变化信息,经过各个层次级别的神经中枢进行分析综合,发出各种相应的处理信号,进行决策或达到智能控制躯体行为的目的。

一般来说,人类智能生理机构由中枢神经系统和周围神经系统两大部分组成,每一部分都有十分复杂的细微结构。人脑是中枢神经系统的主要部分,能够实现诸如学习、思维、知觉等复杂的高级智能。

根据现代脑科学和神经生理学的研究成果,把神经系统生理结构同智能发生的认识层次相联系,人们可以发现一个有趣的事实:智能现象实际可以由分布于全身的神经系统的任何部位产生,并且某个部位神经系统产生智能行为的反应速度与智能效能水平呈相反趋势。也就是说,低级智能动作反应快,高级智能产生要慢一些。总体来说,可将智能行为特性比照其发生的区域情况进行分析,从而建立起一个具有高、中、低三层结构的智能特性模型:高层智能由大脑皮层来组织启动,主要完成诸如思维、记忆、联想、推理等高级智能活动;中层智能由丘脑来组织实现,负责对神经冲动进行转换、调度和处理,主要完成诸如感知、表达、语言、艺术、知觉等智能;低层智能由小脑、脊髓、周围神经系统来组织,主要完成条件反射、紧急自助、动作反应、感觉传导等智能。同时,允许不同层次的智能先后发生,相互协同。每个智能层次还可细分为对应的特性群区域或更小的层次,例如,思维特性可分为感知思维、抽象思维、形象思维、顿悟思维及灵感思维等,视觉感知视野可分为色觉感、形体感、运动感等神经细胞特性感知区。

依据智能的层次结构分析,比照前述的3种智能认识理论,我们不妨这样设想:思维理论和知识阈值理论主要对应了高层智能活动,而"进化"理论分别对应了3个智能层次的发展过程。例如,"进化"理论可以有下述两种工作选择方式:其一,让各个智能层次都竞相参与进化作用,实行优胜劣汰;其二,先快速实现低级智能层次,后演化到中级智能层次,再推进到高级智能层次。后者描述了一个由低向高、逐级进化的智能协同发展的过程模型。

2. 什么是人工智能

(1) 人工智能的概念及其学科特性

人工智能,顾名思义,即用人工制造的方法,实现智能机器或在机器上实现智能。从学科的角度去认识,所谓人工智能是一门研究构造智能机器或实现机器智能的学科,是研究模拟、延伸和扩展人类智能的科学。从学科地位和发展水平来看,人工智能是当代科学技术的前沿学科,也是一门新思想、新理论、新技术、新成就不断涌现的新兴学科。人工智能的研究,是在计算机科学、信息论、控制论、心理学、生理学、数学、物理学、化学、生物学、医学、哲学、语言学、社会学等多学科的基础上发展起来的,因此它又是一门综合性极强的边缘学科。

(2) 人工智能测试与图灵实验

计算机或者机器是否具有智能?这个问题很早就引起了人们的关注。

为此,现代人工智能科学家、英国天才数学家图灵(A. M. Turing)于 1950 年在论文"Computer Machinery and Intelligence"中提出了著名的"图灵测试"标准:测试的参加者由一位测试主持人和两位被测试者组成,其中一位被测试者是人,另一位被测试者则是机器。要求被测试者回答测试主持人的问题时,都尽可能表现自己是"人"而不是"机器"。测试者和被测试者可以对话,但彼此都看不到对方。如果测试主持人无论如何都分辨不出被测试者究竟是人还是机器,则认为该机器具有了人的智能。

尽管也有人对这个测试标准提出了某些异议,认为图灵测试没有反映思维过程,也没有明确被测试的人的自身智力智商水平,仅仅只是强调了测试结果的比较等。然而,该测试标准的提出,对人工智能科学的进步与发展所产生的影响是十分深远的。

(3) 人工智能的研究目标

从长远来看,人工智能研究的远期目标就是要设计并制造一种智能机器系统。其目的在于使该系统能代替人,去完成诸如感知、学习、联想、推理等活动,使人类生活得更美好,让机器能够去理解并解决各种复杂困难的问题,代替人去巧妙地完成各种具有思维劳动的任务,成为人类最聪明、最忠实的助手和朋友。此外,有人认为:从长远来看,人工智能既然能够设计智能系统,就应能够充分理解并解释人类的各种智能现象和行为。

在目前阶段,人工智能研究的近期现实目标是:最大限度地发挥计算机的灵巧性,使电脑能模拟人脑,在机器上实现各种智能。例如,让计算机能够看、听、读、说、写,使计算机还能想、学、模仿、执行命令甚至出谋献策及创新等。也就是说,当前人工智能应该发展并解决智能模拟的理论和技术。

事实上,人工智能研究的远期目标与近期目标是相辅相成的。远期目标为近期目标确立了方向,而近期目标的研究亦在为实现远期目标的实现准备着理论和技术的基本条件。随着人工智能的不断发展与进步,近期目标势将不断地调整和改变,最终完全实现远期目标。

1.1.2 人工智能的发展历史

回顾人工智能的发展历史,可归结为孕育、形成和发展 3 个阶段。

1. 孕育(1956 年之前)

自古以来,人们就一直试图用各种机器来代替人进行部分脑力劳动,以提高人们征服自然的能力。其中,对人工智能的产生、发展有重大影响的主要研究成果如下:

(1) 早在公元前,伟大的哲学家亚里士多德(Aristotle)就在他的著名著作《工具论》中提出了形式逻辑的一些主要定律,他提出的三段论至今仍是演绎推理的基本依据。

(2) 英国哲学家培根(F. Bacon)曾系统地提出了归纳法,还提出了"知识就是力量"的警句。这对于人类思维过程的研究,以及自 20 世纪 70 年代人工智能转向以知识为中心的研究都产生了重要影响。

(3) 德国数学家和哲学家莱布尼茨(G. W. Leibniz)提出了万能符号和推理计算的思想,他认为可以建立一种通用的符号语言并在此符号语言的基础上进行推理的演算。这一思想不仅为数理逻辑的产生和发展奠定了基础,也是现代机器思维设计思想的萌芽。

(4) 英国逻辑学家布尔(G. Boole)致力于使"思维规律"形式化和实现机械化,并创立了布尔代数。他在《思维法则》一书中首次用符号语言描述了思维活动的基本推理法则。

(5) 英国数学家图灵在 1936 年提出了一种理想计算机的数学模型,即图灵机,为后来电子数字计算机的问世奠定了理论基础。

(6) 美国神经生理学家麦卡洛克(W. McCulloch)与匹兹(W. Pitts)在 1943 年建成了第一个神经网络模型(M-P 模型),开创了微观人工智能的研究工作,为后来人工神经网络的研究奠定了基础。

(7) 美国数学家莫克利(J. W. Mauchly)和埃克特(J. P. Eckert)在 1946 年研制出了世界上第一台电子计算机 ENIAC,这项划时代的研究成果为人工智能的研究奠定了物质基础。

由上面的发展过程可以看出,人工智能的产生和发展绝不是偶然的,它是科学技术发展的必然产物。

2. 形成(1956—1969 年)

1956 年夏季,由当时麻省理工学院的年轻的数学助教、现任斯坦福大学教授麦卡锡(J. McCarthy)联合他的三位朋友,哈佛大学年轻的数学家和神经学家、现任麻省理工学院教授明斯基(M. L. Minsky),IBM 公司信息研究中心负责人罗切斯特(N. Lochester),贝尔实验室信息部数学研究员香农(C. E. Shanno)共同发起,邀请 IBM 公司的莫尔(T. Moore)和塞缪尔(A. L. Samuel),麻省理工学院的塞尔弗里奇(O. Selfridge)和索罗莫夫(R. Solomonoff)以及兰德(RAND)公司和卡耐基梅隆大学的纽厄尔(A. Newell)、西蒙(H. A. Simon)等 10 名年轻学者在美国达特茅斯(Dartmouth)大学召开了一次为时两个月的学术研讨会,讨论关于机器智能的问题。会上经麦卡锡提议正式采用了"人工智能"这一术语,麦卡锡因而被称为"人工智能之父"。这是一次具有历史意义的重要会议,它标志着人工智能作为一门新兴学科正式诞生了。此后,美国形成了多个人工智能研究组织,如纽厄尔和西蒙的 Carnegie RAND 协作组、明斯基和麦卡锡的 MIT 研究组、塞缪尔的 IBM 工程研究组等。

自这次会议之后的十多年间,人工智能的研究在机器学习、定理证明、模式识别、问题求解、专家系统及人工智能语言等方面都取得了许多引人瞩目的成就,例如:

(1) 在机器学习方面,1957 年,Rosenblatt 成功研制了感知机。这是一种将神经元用于识别的系统,它的学习功能广泛地引起了科学家们的兴趣,推动了连接机制的研究,但人们很快发现了感知机的局限性。

（2）在定理证明方面，美籍华人数理逻辑学家王浩于1958年在IBM-704机器上用3~5分钟证明了《数学原理》中有关命题演算的全部定理（220条），并且还证明了谓词演算中150条定理的85%；1965年，鲁宾孙（I. A. Robinson）提出了归结原理，为定理的机器证明做出了突破性的贡献。

（3）在模式识别方面，1959年，塞尔弗里奇推出了一个模式识别程序；1965年，罗伯特（Roberts）编制出了可分辨积木构造的程序。

（4）在问题求解方面，1960年，纽厄尔等人通过心理学试验总结出了人们求解问题的思维规律，编制了通用问题求解程序GPS，可用来求解11种不同类型的问题。

（5）在专家系统方面，美国斯坦福大学的费根鲍姆（E. A. Feigenbaum）领导的研究小组自1965年开始对专家系统DENDRAL进行研究，1968年完成并投入使用。该专家系统能根据质谱仪的实验，通过分析推理决定化合物的分子结构，其分析能力已接近于甚至超过有关化学专家的水平，在美、英等国得到了实际应用。该专家系统的研制成功不仅为人们提供了一个实用的专家系统，对知识表示、存储、获取、推理及利用等技术来说也是一次非常有益的探索，为以后专家系统的建造树立了榜样，对人工智能的发展产生了深刻的影响，其意义远远超过了系统本身在实用上所创造的价值。

（6）在人工智能语言方面，1960年，麦卡锡研制出了人工智能语言LISP，成为建造智能系统的重要工具。

1969年成立的国际人工智能联合会议（International Joint Conferences On Artificial Intelligence, IJCAI）是人工智能发展史上一个重要的里程碑，它标志着人工智能这门新兴学科已经得到了世界的肯定和公认。1970年创刊的国际性的人工智能杂志 *Artificial Intelligence* 对推动人工智能的发展、促进研究者们的交流起到了重要的作用。

3. 发展（1970年以后）

进入20世纪70年代，许多国家都开展了对人工智能的研究，涌现出了大量的研究成果。例如：1972年，法国马赛大学的柯麦瑞尔（A. Comerauer）提出并实现了逻辑程序设计语言PROLOG；斯坦福大学的肖特里菲（E. H. Shortliffe）等人从1972年开始研制用于诊断和治疗感染性疾病的专家系统MYCIN。

但是，和其他新兴学科的发展一样，人工智能的发展道路也不是平坦的。例如，机器翻译的研究没有像人们最初想象的那么容易。当时人们总以为只需要一部双向词典及一些词法知识就可以实现两种语言文字间的互译，后来发现机器翻译远非这么简单。实际上，由机器翻译出来的文字有时会出现十分荒谬的错误。例如，当把英语"Out of sight, out of mind."翻译成俄语时变成了"又瞎又疯。"；当把"心有余而力不足。"的英语句子"The spirit is willing but the flesh is weak."翻译成俄语，然后再翻译回来时竟变成了"The wine is good but the meat is spoiled."，即"酒是好的，但肉变质了。"；当把"光阴似箭。"的英语句子"Time flies like an arrow."翻译成日语，然后再翻译回来的时候，竟变成了"苍蝇喜欢箭。"。由于机器翻译出现的这些问题，英国、美国当时中断了对大部分机器翻译项目的资助。在其他方面，如问题求解、神经网络、机器学习等，也都遇到了困难，使人工智能的研究一时陷入了困境。

人工智能研究的先驱者们认真反思，总结了前一段研究的经验和教训。1977年，费根鲍姆在第五届国际人工智能联合会议上提出了"知识工程"的概念,对以知识为基础的智能系统的研究与建造起到了重要的作用。大多数人接受了费根鲍姆关于以知识为中心展开人工智能研究的观点。从此,人工智能的研究又迎来了蓬勃发展的以知识为中心的新时期。

这个时期中,专家系统的研究在多个领域中取得了重大突破,各种不同功能、不同类型的专家系统如雨后春笋般地建立起来,产生了巨大的经济效益及社会效益。例如,地矿勘探专家系统 PROSPECTOR 拥有 15 种矿藏知识,能根据岩石标本及地质勘探数据对矿藏资源进行估计和预测,能对矿床分布、储藏量、品位及开采价值等进行推断,制订合理的开采方案,应用该系统成功地找到了超亿美元的钼矿。专家系统 MYCIN 能识别 51 种病菌,能正确地处理 23 种抗生素,可协助医生诊断、治疗细菌感染性血液病,为患者提供最佳处方,该系统成功地处理了数百病例,并通过了严格的测试,显示出了较高的医疗水平。美国 DEC 公司的专家系统 XCON 能根据用户要求确定计算机的配置,由专家做这项工作一般需要 3 小时,而该系统只需要 0.5 分钟,速度提高了 300 多倍。DEC 公司还建立了另外一些专家系统,由此产生的净收益每年超过 4 000 万美元。信用卡认证辅助决策专家系统 American Express 能够防止不应有的损失,据说每年可节省约 2 700 万美元。

专家系统的成功,使人们越来越清楚地认识到知识是智能的基础,对人工智能的研究必须以知识为中心来进行。由于对知识的表示、利用及获取等的研究取得了较大的进展,特别是对不确定性知识的表示与推理取得了突破,建立了主观 Bayes 理论、确定性理论、证据理论等,人工智能中模式识别、自然语言理解等领域的发展得到了支持,解决了许多理论及技术上的问题。

人工智能在博弈中的成功应用举世瞩目。人们对博弈的研究一直抱有极大的兴趣,早在 1956 年人工智能刚刚作为一门学科问世时,塞缪尔就研制出了跳棋程序。这个程序能从棋谱中学习,也能在下棋实践中提高棋艺,1959 年它击败了塞缪尔本人,1962 年又击败了一个州冠军。1991 年 8 月,在悉尼举行的第 12 届国际人工智能联合会议上,IBM 公司研制的 Deep Thought 2 计算机系统与澳大利亚象棋冠军约翰森进行了两场人机对抗赛,结果以 1:1 平局告终。

1996 年 2 月 10 日至 17 日,为了纪念世界上第一台电子计算机诞生 50 周年,美国 IBM 公司出巨资邀请国际象棋棋王卡斯帕罗夫(Kasparov)与 IBM 公司的深蓝计算机系统进行了六局"人机大战"。这场比赛被人们称为"人脑与电脑的世界决战",参赛的双方分别代表了人脑和电脑的世界最高水平。当时的深蓝是一台运算速度达每秒 1 亿次的超级计算机。第一盘,深蓝就给了卡斯帕罗夫一个下马威,赢了这位世界冠军,给世界棋坛以极大的震动。但卡斯帕罗夫总结经验,稳扎稳打,在剩下的五盘中赢三盘,平两盘,最后以总比分 4:2 获胜。一年后,即 1997 年 5 月 3 日至 11 日,深蓝再次挑战卡斯帕罗夫。这时,深蓝是一台拥有 32 个处理器和强大并行计算能力的 RS/6000 SP/2 的超级计算机,运算速度达每秒 2 亿次。计算机里存储了百余年来世界顶尖棋手的棋局。5 月 3 日棋王卡斯帕罗夫首战击败深蓝,5 月 4 日深蓝扳回一盘,之后双方平三局。双方的决胜局于 5 月 11 日拉开了帷幕,卡斯帕罗夫在这盘比赛中仅仅走了 19 步便放弃了抵抗,比赛用时只有一小时多一点。这样,深蓝最终以 3.5:2.5 的总比分赢得了这场世人瞩目的"人机大战"的胜利。深蓝的胜利表明了人工智能所达到的成就。尽管它的棋路还远非真正的对人类思维方式的模拟,但它已经向世人说明,电脑能够以人类远远不能企及的速度和准确性,完成属于人类思维的大量任务。深蓝精湛的残局战略使观战的国际象棋专家们大为惊讶。卡斯帕罗夫也表示:"这场比赛中有许多新的发现,其中之一就是计算机有时也可以走出人性化的棋步。在一定程度上,我不得不赞扬这台机器,因为它对盘势因素有着深刻的理解,我认为这是一项杰出的科学成就。"

我国自1978年开始也把"智能模拟"作为国家科学技术发展规划的主要研究课题之一,并在1981年成立了中国人工智能学会(China Association of Artificial Intelligence,CAAI),目前在专家系统、模式识别、机器人学及汉语的机器理解等方面都取得了很多研究成果。

1.1.3 人工智能的主要学派及研究途径

在人工智能科学的研究与发展中,形成了诸多学派。其中,主要有三大流派,即功能派、结构派和行为派。

功能派是最早发展起来的传统主流学派,又称逻辑学派或宏观功能派,采用功能模拟的观点,使用的是"黑盒"研究方法。

结构派也是最早发展起来的传统学派之一,又称生物学派或微观结构派与功能派不同,它采用的是结构模拟的观点,使用的是"白盒"研究方法。

行为派又被称作实用技术学派。与传统学派完全不同,它采用实用行为模拟的观点,使用"能工巧匠"式的制造方法,是一种按照"激励-响应"的工作模式来建立实用工程装置的研究方法。也有人认为这是一种实现agent模型的技术方法。

功能派涉及众多学科技术,包括逻辑学、心理学、数学、物理学、工具学、语言学、计算机、数理逻辑等学科;结构派涉及的学科有生物学、微结构学、医学、仿生学、神经生理学等;行为派涉及的学科有行为学、工程学、机械学、电子学等。

赞成AI的,表达了进化论、创新论、科学技术改造世界的观点,而从伦理道德、神学论等观点出发,又派生出AI的反对派,体现了神学论、创生论、"上帝"说等方面的观点。

从认识上应该看到,正是不同学科的学者云集,各自进行人工智能的探索研究,从而形成了诸多学派。各个学派学术观点有所不同,研究思路各有侧重,对人工智能的理解定义也不完全一致,百家争鸣,百花齐放,这一切共同形成了人工智能科学生动活泼的研究氛围。

1. 功能派及其研究方法

(1)主要观点

计算机的智能可以用硬件,尤其可以用软件来实现。任何智能系统的功能及其控制均可用程序命令来完成。程序命令就是一种语言文字符号,因此,一切智能实际上都可以用语言、文字及符号来表示并完成,故功能派又被称为符号派。

通常,程序命令都是用逻辑思想或按逻辑规律进行设计编写的,计算机按照逻辑程序运行,这样就有了按逻辑进行识别判断的能力。因此,这样一种智能实现思路又被称为逻辑功能派。

(2) 重要事件与技术发展

20 世纪 50 年代,Samuel 创制了具有学习功能的跳棋程序,Newell、Show、Simon 等人共同创制了 LT(logic theoretical)程序。

20 世纪 60 年代,Newell、Show、Simon 等人提出了 GPS(general problem solver)程序,据说可解决 11 类不同领域的问题,还有各种形式化语言被提出,例如 1960 年 J. McCanhy 提出了 Lisp 语言。

20 世纪 70 年代,Feigenbaum 提出了专家系统 ES,重新举起了 Bacon 的"知识就是力量"的旗帜。

20 世纪 80 年代,日本提出了 KIPS(knowledge information processing system)研究计划。

20 世纪 90 年代的人机博弈。

21 世纪之初的现代演绎战争等。

随后智能软件工程、智能计算机等技术的发展,大多采用了以符号化及其处理为核心的研究方法,也就是 AI 的主流思想方法。

(3) 主要特征

符号逻辑所表现的合理性和必然性反映在如下方面:逻辑型推理,符合人类心理特点;形式化表达,易建模建库(知识库无须输入大量的细节知识,简化了问题求解的设计过程),设计方便易行;模块化思路处理,易于扩充修改;结合界面可视化设计,易于理解;启发式思维,便于设计实现;工作过程透明,便于解释、跟踪,用户心理易于接受。

(4) 存在的局限性及可能的解决途径

形式化方法对于非逻辑的推理过程、经验式模糊推理、形象思维推理往往难以用符号系统表示。符号形式化方法的有效性取决于符号概念的精确性。当把有关信息转换成符号化的推理机制时,将会丢失一些重要的信息。对于带有噪声的信息以及不完整的信息往往也难以进行恰当的表达和处理。

可能的解决途径:可采用结构派的互联技术方法,该方法具有很好的互补作用。

2. 网络互联(network connection)技术及其研究方法

(1) 主要观点

网络互联是结构派的一种实现方式。网络互联技术学派认为:人类的智能归根结底是用大脑中的神经元活动来实现的,神经元是一种具有记忆、联想、协调工作的智能网络。因此,可以在结构上采用生物神经元及其连接机制来模仿生成其全部的智能活动。显然,这是一种"白盒法"的微结构模拟智能活动的研究思路。

结构派认为大脑是一切智能活动的物质基础,因而从生物神经元模型着手,设法弄清楚大脑的结构以及它进行信息处理的过程与机理,就有望从物质结构本质上揭示人类智能的奥秘。

但是,由于人脑有多达 $10^{11} \sim 10^{12}$ 个神经元,每个神经元又与 $10^3 \sim 10^4$ 个其他神经元互相联系,构成了一个多层次立体结构的复杂互联的网络,加上这种结构的特性是基于生命活动而存在的,因此客观上完成这种模拟是不可能的,这就造成该研究长期处于停滞不前的状态。加上计算机技术和集成记忆单元的局限性,一直到 20 世纪 80 年代后,在功能模拟研究暂趋于平稳冷静状态时,结构派才又随着微处理器集成化发展而活跃起来。

(2) 重要成果与发展历程

1943年,神经元模型首次被提出。20世纪80年代中后期,各种ANN(artificial neural network,人工神经网络)模型如雨后春笋,脱颖而出。20世纪90年代前后,全世界掀起ANN研究热潮,论文研究成果成千上万。神经网络计算机被提出,由多达数百个微处理器互联而成。

(3) 主要特点

这种方法通过对I/O信息状态(抑制,兴奋)模式进行分析处理,可以从训练样本中自动获取知识,逐步适应环境的变化。它采用分布式表示信息,一个概念不是对应于一个节点,而是对应于一种分布模式,因此可实现联想机制。其次,噪声信息可在分布式表达中得到近似体现,加以处理,就能得到比较满意而合理的结果。总结起来,其主要特点如下:

① 循序渐进训练,符合人类学习发展过程规律,适于机器学习训练,特色明显;

② 形象性思维,直观明了;

③ 分布式表示信息,便于实现联想;

④ 对局部畸变不敏感,模糊识别能力强,抗干扰性好;

⑤ 状态变迁机制便于实现变异、交叉、繁殖功能,进而实现并发展进化计算、遗传算法等;

⑥ 调整分布参数与连接的加权值可模拟各种控制过程,便于实现进化规划和策略,便于实现数值优化、系统预测和经验寻优过程。

(4) 存在的局限性及可能的解决途径

局限性:难以用因果分析关系解释其活动过程。而这恰恰是符号化逻辑处理的优势,二者互补,可否取得更大成果有待探索研究。

发展与展望:随着进化计算(EC)理论的开拓和生物医学工程技术的进步,尤其是克隆技术的发展,其前景十分诱人。

3. 行为派及其研究方法

(1) 主要观点

以美国麻省理工学院人工智能实验室年轻教授布鲁克斯(R. A. Brooks)为首的研究组,分别于1991年、1992年提出了"没有表达的智能"和"没有推理的智能"研究观点。采用典型装置实现局部,这是Brooks根据自己对人造机器动物的实践研究中的体验提出的一种近于生物系统的智能模型。Brooks认为,智能是某种复杂系统所浮现(emergence)出来的性质,智能又可理解为由很多部件之间的交互并与境遇相联系才具体化的行为特性。

Brooks指出:具体的生物体有直接来自周围客观世界的经验,它们的作用是世界动态行为中的一部分,其感官具有反馈作用,故这种作用可用人造动物体的具体化(embodiment)构成的行为来模拟。Brooks认为,智能行为可以仅仅由系统总的行为以及行为与环境的交联作用来体现,它可以在没有明显的可操作的内部的情况下产生,可以在没有明显的推理系统出现的情况下形成。

目前这种观点尚在发展完善中。它与人们传统的看法完全不同,因而引起了人工智能界广泛的兴趣和关注。

Brooks等行为派倾向性认为,要造出一个功能完善、思考周密的智能机器人,难度太高、周期太长,不如先快速造出具有一定感受功能的智能机器虫,先实现本能或局部智能,然后在初步可见成果基础上逐步扩充完善。

事实上,人们可以把这种研究方法进而理解为:先实现局部的智能主体 agent,然后将其组合成为高级的智能主体系统,即从局部实现到全局集成的研究。

(2)主要成果

20 世纪 90 年代初,Brooks 等人实现了多腿脚协调行走并可上下楼梯的机器蝗虫。

近年来,日本 Sony 不断地推出升级版的"AIBO"机器人;日本欧姆龙推出了"Tama"机器人,采用模糊推理决策行动算法,用以指导人们使用 ATM;美国 Tiger 电子公司推出"Fabee"、美国微软推出"ActiMates"等玩具类机器人;还有日本松下的"宠物机器人",可用于帮助独身老人在发生紧急情况时(如发生急病)同外界进行联系。

(3)主要特点

① "激励-响应"模式,很实用。

② 代表性典型装置实现适应性强,难度较低,易于物理实现。

③ 行为模拟的"小前提"思想,即采用层次式处理手法,"满足→实现→小有成功",再进行第二层次……依次推进装置完善、成功。

④ 直觉式感知模拟,便于实现经验式智能。

(4)存在的局限性及可能的解决途径

局限性:缺乏系统理论指导,必须加强规划决策指导与体系结构分析。

解决途径:融合功能派和结构派的技术观点,更有利于走向全面。

1.2 人工智能的研究与应用

1.2.1 人工智能的基本技术

人工智能既是综合性极强的边缘学科,又是兼容并蓄的基础科学,其理论体系不断丰富完善,前沿攻关及实验课题层出不穷。

早期学者们认为,在人工智能基础理论和基本系统中,至少应包括以下 4 个方面的基本技术:

(1)机器学习和知识获取技术,主要有信息变换技术,知识信息的理解技术,知识的条理化、规则化技术,机器的感知与成长技术等;

(2)知识表示与处理技术,包括知识模型的建立与描述技术、表示技术及各种知识模型处理技术方法等;

(3)知识推理和搜索技术,尤其包括演绎推理计算和智能搜索技术;

(4)AI 系统构成技术,包括 AI 语言,硬件系统及智能应用系统等方面的构成技术等。

人工智能的三大学派和四大技术构成了 AI 体系的基础与骨架。

1.2.2 人工智能研究的基本内容

结合人工智能的远期目标和上述基本技术,可以认为人工智能目前的基本研究内容应包括以下几个方面：

1. 机器感知

所谓机器感知就是使机器(计算机)具有类似于人的感知能力，包括视觉、听觉、触觉、力感、味觉、嗅觉、知觉等。其中，以机器视觉与机器听觉为主。机器视觉是让机器能够识别并理解文字、图像、景物等；机器听觉则是让机器能识别并理解人类语言表达及语声、音响等。从而形成了人工智能的两个专门的研究领域，即模式识别与自然语言理解技术分支。

2. 机器思维

所谓机器思维是指对通过感知得来的外部信息及机器内部的各种工作信息进行有目的的处理。正像人的智能是来自大脑的思维活动一样，机器智能也主要是通过机器思维实现的。因此，机器思维是人工智能研究中最重要而关键的部分。为了使机器能模拟人类的思维活动，尤其需要开展以下几方面的研究工作：

(1) 知识的表示，特别是各种不精确、不完全知识的表示；

(2) 知识的推理，特别是各种不精确推理、归纳推理、非单调推理、定性推理，还包括各种启发式搜索推理及控制策略的研究；

(3) 神经网络、人脑的结构及其工作原理。

3. 机器学习

人类具有获取新知识、学习新技巧，并在实践中不断完善、改进的能力，机器学习就是要使计算机具有这种能力，使它能自动地获取知识，能直接向书本学习，能通过与人谈话学习，能通过对环境的观察学习，并在实践中实现自我完善，克服人们在学习中存在的局限性，例如容易忘记、效率低以及注意力分散等。

4. 机器行为

与人的行为能力相对应，机器行为主要是指计算机的表达能力，即"说""写""画"的能力，对于智能机器人，它还应具有人的四肢功能，即能走路，能取物，能操作等。

5. 人工智能系统构成

为了实现人工智能的近期目标及远期目标，需要建立智能系统及智能机器，为此还需要开发对模型、系统分析与构造技术、建造工具及语言等的研究。

1.2.3 人工智能研究与应用领域

如同大多数学科中都存在着几个不同的研究领域，每个领域都有其特有的研究课题、研究方法和术语一样，人工智能也存在许多不同的研究领域。

1. 问题求解

人工智能的第一大成就是能够求解难题的下棋(如国际象棋)程序。在下棋程序中应用的某些技术,如向前看几步并把困难的问题分成一些比较容易的子问题,发展成为了搜索和问题归约这样的人工智能基本技术。今天的计算机程序能够下锦标赛水平的各种方盘棋、十五子棋和国际象棋。还有问题求解程序把各种数学公式符号汇编在一起,其性能达到了很高的水平,并正在为许多科学家和工程师所应用。有些程序甚至还能够用经验来改善其性能。

2. 逻辑推理与定理证明

逻辑推理是人工智能研究中历史最悠久的领域之一。其中,特别重要的是要找到一些方法,只把注意力集中在一个大型数据库中的有关事实上,留意可信的证明,并在出现新信息时适时修正这些证明。为数字猜想寻找一个证明或反证,确实称得上是一项智能任务,不仅需要有根据假设进行演绎的能力,而且需要某些直觉技巧。

1976 年 7 月,美国的阿佩尔(K. Appel)等人合作解决了"四色定理"难题。他们用 3 台大型计算机,花去 1 200 个小时 CPU 时间,并对中间结果进行人为反复修改 500 多处。四色定理的成功证明曾轰动当时的国际计算机界。

3. 自然语言处理

自然语言处理(natural language processing, NLP)也是人工智能的早期研究领域之一,已经编写出能够从内部数据库回答用英语提出的问题的程序,这些程序通过阅读文本材料和建立内部数据库,能够把句子从一种语言翻译为另一种语言、执行用英语给出的指令和获取知识等,有些程序甚至能够在一定程度上翻译从话筒输入的口头指令(而不是通过键盘输入计算机的指令)。目前语言处理研究的主要内容是:在翻译句子时,以主题和对话情况为基础,注意大量的一般常识和期望作用的重要性。

人工智能在语言翻译与语音理解程序方面已经取得的成就,已逐渐成为人类自然语言处理的新概念。

4. 自动程序设计

也许程序设计并不是人类知识的一个十分重要的方面,但是它本身却是人工智能的一个重要研究领域。这个领域的工作叫作自动程序设计,目前已经能够以各种不同的目的描述(例如输入/输出对高级语言描述甚至英语描述算法)来编写计算机程序。这方面的进展局限于少数几个完全现成的例子。对自动程序设计的研究不仅可以促进半自动软件开发系统的发展,还可以使通过修正自身数码进行学习(即修正它们的性能)的人工智能系统得到发展。自动编制一份程序来获得某种指定结果的任务同证明一份给定程序将获得某种指定结果的任务是紧密相关的,后者叫作程序验证。许多自动程序设计系统将产生一份输出程序的验证作为额外收获。

5. 专家系统

一般来说,专家系统是一个智能计算机程序系统,其内部具有大量专家水平的某个领域的知识与经验,能够利用人类专家的知识和解决问题的方法来解决该领域的问题。也就是说,专家系统是一个具有大量专门知识与经验的程序系统,它应用人工智能技术,根据某个领域一个或多个人类专家提供的知识和经验进行推理和判断,模拟人类专家的决策过程,以解决那些需要专家决定的复杂问题。

当前的研究涉及有关专家系统设计的各种问题。这些系统是在某个领域的专家(他可能无法明确表达他的全部知识)与系统设计者之间经过反复交换意见之后建立起来的。在已经建立的专家咨询系统中,有能够诊断疾病的(包括中医诊断智能机)、能够估计潜在石油储量的、研究复杂有机化合物结构的以及能够提供使用其他计算机系统的参考意见的等。发展专家系统与关键是表达和运用专家知识,即来自人类专家的已被证明对解决有关领域内的典型问题是有用的事实和过程。专家系统与传统的计算机程序最本质的不同之处在于专家系统所要解决的问题一般没有算法解,并且经常要在不完全、不精确或不确定的信息基础上给出结论。专家系统被称为21世纪知识管理与决策的技术。

6. 机器学习

学习能力无疑是人工智能研究领域最突出和最重要的一个方面。人工智能在这方面的研究近年来取得了一些进展。学习是人类智能的主要标志和获得知识的基本手段。机器学习(自动获取新的事实及新的推理算法)是使计算机具有智能的根本途径。正如香克(R. Shank)所说:"一台计算机若不会学习,就不能被称为具有智能。"此外,研究机器学习还有助于发现人类学习的机理和揭示人脑的奥秘。因此,这是一个始终得到重视,理论正在创立,方法日臻完善但远未达到理想境地的研究领域。

7. 人工神经网络

由于冯·诺依曼(Van Neumann)体系结构的局限性,数字计算机存在一些尚无法解决的问题,人们一直在寻找新的信息处理机制,神经网络计算就是其中之一。

研究结果已经证明,用神经网络处理直觉和形象思维信息具有比传统处理方式好得多的效果。神经网络的发展有着非常广阔的学科背景。神经生理学家、心理学家与计算机科学家的共同研究得出的结论是:人脑是一个功能特别强大、结构异常复杂的信息处理系统,其基础是神经元及其互联关系。因此,对人脑神经元和人工神经网络的研究,可能创造出新一代人工智能机——神经计算机。

对神经网络的研究经历了一条十分曲折的道路。20世纪80年代初以来,对神经网络的研究再次出现高潮,霍普菲尔德提出用硬件实现神经网络、鲁梅尔哈特(Rumelhart)等提出多层网络中的反向传播(BP)算法就是两个重要标志。

8. 机器人学

人工智能研究中日益受到重视的另一个分支是机器人学,其中包括对操作机器人装置程序的研究。这个领域所研究的问题包括机器人手臂的最佳移动及实现机器人目标的动作序列的规划方法等。

机器人和机器人学的研究促进了许多人工智能思想的发展。它所产生的一些技术可用来模拟世界的状态,用来描述从一种世界状态转变为另一种世界状态的过程。它对于怎样产生动作序列的规划以及怎样监督这些规划的执行有较好的理解。复杂的机器人控制问题迫使我们发展一些方法,先在抽象和忽略细节的高层进行规划,然后再逐步在细节越来越重要的低层进行规划。在本书中,我们经常应用一些机器人问题求解的例子来说明一些重要的思想。智能机器人的研究和应用体现出广泛的学科交叉,涉及众多的课题,得到了越来越普遍的应用。

9. 模式识别

计算机硬件的迅速发展和计算机应用领域的不断开拓,亟须计算机更有效地感知诸如声音、文字、图像、温度、振动等信息资料。模式识别在这种情况下得到了迅速发展。

"模式"(pattern)一词的本意是指完美无缺的、供模仿的一些标本。模式识别就是指识别出给定物体所模仿的标本。人工智能所研究的模式识别是指用计算机代替人类或帮助人类感知模式,是对人类感知外界功能的模拟,研究的是计算机模式识别系统,也就是使一个计算机系统具有模拟人类通过感官接受外界信息、识别和理解周围环境的感知能力。

模式识别是一个不断发展的新学科,它的理论基础和研究范围也在不断发展。随着生物医学对人类大脑的初步认识,模拟人脑构造的计算机实验即人工神经网络方法早在20世纪50年代末和60年代初就已经开始。至今,在模式识别领域,神经网络方法已经成功地用于手写字符的识别、汽车牌照的识别、指纹识别、语音识别等方面。目前模式识别学科正处于大发展的阶段,随着应用范围的不断扩大,基于人工神经网络的模式识别技术将有更大的发展。

10. 机器视觉

机器视觉或计算机视觉已从模式识别的一个研究领域发展为一门独立的学科。在视觉方面,人们已经给计算机系统装上电视输入装置以便能够"看见"周围的东西。视觉是一种感知问题,在人工智能中研究的感知过程通常包含一组操作。例如,可见的景物由传感器编码,并被表示为一个灰度数值的矩阵。这些灰度数值由检测器加以处理。检测器搜索主要图像的成分,如线段、简单曲线和角度等。这些成分又被处理,以便根据景物的表面和形状来推断有关景物的三维特性信息。例如带有视觉的月球自主车和带有视觉的越野自主车。

机器视觉的前沿研究领域包括实时并行处理、主动式定性视觉、动态和时变视觉、三维景物的建模与识别、实时图像压缩传输和复原、多光谱和彩色图像的处理与解释等。

11. 智能控制

人工智能的发展促进了自动控制向智能控制发展。智能控制是一类不需要(或需要尽可能少的)人干预就能够独立地驱动智能机器实现其目标的自动控制。或者说,智能控制是驱动智能机器自主地实现其目标的过程。

随着人工智能和计算机技术的发展,已可能把自动控制和人工智能以及系统科学的某些分支结合起来,建立一种适用于复杂系统的控制理论和技术。智能控制正是在这种条件下产生的。它是自动控制的最新发展阶段,也是用计算机模拟人类智能的一个重要研究领域。1965年,傅京孙首先提出把人工智能的启发式推理规则用于学习控制系统。十多年后,建立实用智能控制系统的技术逐渐成熟。1971年,傅京孙提出把人工智能与自动控制结合起来的思想。1977年,美国的萨里迪斯提出把人工智能、控制论和运筹学结合起来的思想。1986年,中国的蔡自兴提出把人工智能、控制论、信息论和运筹学结合起来的思想。按照这些结构理论已经研究出一些智能控制的理论和技术,用来构造用于不同领域的智能控制系统。

智能控制的核心在高层控制，即组织级控制。其任务在于对实际环境或过程进行组织，即决策和规划，以实现广义问题求解。已经提出的用以构造智能控制系统的理论和技术有分级递阶控制理论、分级控制器设计的熵方法、智能逐级增高而精度逐级降低原理、专家控制系统、学习控制系统和基于神经网络的控制系统等。智能控制有很多研究领域，它们的研究课题既具有独立性，又相互关联。

12. 智能检索

随着科学技术的迅速发展，出现了"知识爆炸"的情况。对国内外种类繁多和数量巨大的科技文献的检索远非人力和传统检索系统所能胜任。研究智能检索系统已成为科技持续快速发展的重要保证。数据库系统是储存某学科大量事实的计算机软件系统，它们可以回答用户提出的有关该学科的各种问题。

数据库系统的设计也是计算机科学的一个活跃的分支。为了有效地表示、存储和检索大量事实，已经发展出了许多技术。当人们想用数据库中的事实进行推理并从中检索答案时，这个课题就显得很有意义。

13. 智能调度与指挥

确定最佳调度或组合的问题是又一类人们感兴趣的问题。一个经典的问题就是推销员旅行问题。这个问题要求为推销员寻找一条最短的旅行路线。推销员从某个城市出发，访问每个城市一次，且只许一次，然后回到出发的城市。大多数这类问题能够从可能的组合或序列中选取一个答案，不过组合或序列的范围很大。试图求解这类问题的程序产生了一种组合爆炸的可能性。这时，即使是大型计算机的容量也会被用光。在这些问题中有几个（包括推销员旅行问题）是属于被计算理论家称为 NP（non-deterministic polynomial，非确定性多项式）完全性的一类问题。他们根据理论上的最佳方法计算出所耗时间（或所走步数）的最坏情况来排列不同问题的难度。

智能组合调度与指挥方法已被应用于汽车运输调度、列车的编组与指挥、空中交通管制以及军事指挥等系统。

14. 分布式人工智能与 agent

分布式人工智能（distributed AI，DAI）是分布式计算与人工智能结合的结果。DAI 系统以鲁棒性作为控制系统质量的标准，并具有互操作性，即不同的异构系统在快速变化的环境中具有交换信息和协同工作的能力。

分布式人工智能的研究目标是要创建一种能够描述自然系统和社会系统的精确概念模型。DAI 中的智能并非独立存在的概念，只能在团体协作中实现，因而其主要研究问题是各 agent 间的合作与对话，包括分布式问题求解和多 agent 系统（multi-agent system，MAS）两个领域。其中，分布式问题求解把一个具体的求解问题划分为多个相互合作和知识共享的模块或结点。多 agent 系统则研究各 agent 间智能行为的协调，包括规划、知识、技术和动作的协调。这两个研究领域都要研究知识、资源和控制的划分问题，但分布式问题求解往往含有一个全局的概念模型、问题和成功标准，而 MAS 则含有多个局部的概念模型、问题和成功标准。MAS 更能体现人类的社会智能，具有更大的灵活性和适应性，更适合开放和动态的世界环境，因而备受重视，已成为人工智能以至计算机科学和控制科学与工程的研究热点。当前,agent 和 MAS 的研究包括 agent 和 MAS 理论、体系结构、语言、合作与协调、通信和交互技术、MAS 学习和应用等。MAS 已在自动驾驶、机器人导航、机场管理、电力管理和信息检索等方面获得应用。

15. 计算智能与进化计算

计算智能(computational intelligence)涉及神经计算、模糊计算、进化计算等研究领域。在此仅对进化计算加以介绍。

进化计算(evolutionary computation)是指一类以达尔文进化论为依据来设计、控制和优化人工系统的技术和方法的总称,它包括遗传算法(genetic algorithms)、进化策略(evolutionary strategies)和进化规划(evolutionary programming)。它们遵循相同的指导思想,但彼此存在一定差别。同时,进化计算的研究关注学科的交叉和广泛的应用背景,因而引入了许多新的方法和特征,彼此间难于分类,统称为进化计算方法。目前,进化计算被广泛运用于复杂系统的自适应控制和复杂优化问题等研究领域,如并行计算、机器学习、电路设计、神经网络、基于 agent 的仿真、元胞自动机等。

达尔文进化论是一种鲁棒的搜索和优化机制,对计算机科学,特别是对人工智能的发展产生了很大的影响。大多数生物体通过自然选择和有性生殖进行进化。自然选择决定了群体中哪些个体能够生存和繁殖,有性生殖保证了后代基因中的混合和重组。自然选择的原则是适者生存,即"物竞天择,优胜劣汰"。

自然进化的这些特征早在 20 世纪 60 年代就引起了美国的霍兰(Holland)的极大兴趣,他和他的学生们从事如何建立机器学习的研究。霍兰注意到学习不仅可以通过单个生物体的适应实现,而且可以通过一个种群的多代进化适应发生。受达尔文进化论思想的影响,他逐渐认识到,在机器学习中想要获得一个好的学习算法,仅靠单个策略的建立和改进是不够的,还要依赖于一个包含许多候选策略的群体的繁殖。他还认识到,生物的自然遗传现象与人工自适应系统行为的相似性,因此他提出在研究和设计人工自主系统时可以模仿生物自然遗传的基本方法。20 世纪 70 年代初,霍兰提出了"模式理论",并于 1975 年出版了《自然系统与人工系统的自适应》,系统地阐述了遗传算法的基本原理,奠定了遗传算法研究的理论基础。

16. 数据挖掘与知识发现

知识获取是知识信息处理的关键问题之一。20 世纪 80 年代,人们在知识发现方面取得了一定的进展。已有一些试验系统利用样本,通过归纳学习或者与神经计算结合起来进行知识获取。数据挖掘与知识发现是 20 世纪 90 年代初期新崛起的一个活跃的研究领域,在数据库基础上实现的知识发现系统,通过综合运用统计学、粗糙集、模糊数学、机器学习和专家系统等多种学习手段和方法,从大量的数据中提炼出抽象的知识,从而揭示出蕴涵在这些数据背后的客观世界的内在联系和本质规律,实现知识的自动获取。这是一个富有挑战性并具有广阔应用前景的研究课题。

从数据库获取知识,即从数据中挖掘并发现知识,首先要解决被发现知识的表达问题。最好的表达方式是自然语言,因为它是人类的思维和交流语言。知识表示的最根本问题就是如何形成用自然语言表达的概念。概念比数据更确切、直接和易于理解。自然语言的功能就是用最基本的概念描述复杂的概念,用各种方法对概念进行组合,以表示所认知的事件,即知识。

机器知识的发现始于1974年,并在此后十年中获得了一些进展。这些进展往往与专家系统的知识获取研究有关。到20世纪80年代末,数据挖掘取得了突破。越来越多的研究者加入到数据挖掘与知识发现的研究行列。现在,数据挖掘与知识发现已成为人工智能研究的又一热点。

17. 人工生命

人工生命(artificial life,ALife)的概念是由美国圣菲研究所非线性研究组的兰顿(Langton)于1987年提出的,旨在用计算机和精密机械等人工媒介生成或构造出能够表现自然生命系统行为特征的仿真系统或模型系统。自然生命系统行为具有自组织、自复制、自修复等特征以及形成这些特征的混沌动力学、进化和环境适应。

人工生命所研究的人造系统能够演示具有自然生命系统特征的行为,在"生命之所能"(life as it could be)的广阔范围内深入研究"生命之所知"(life as we know it)的实质。只有从"生命之所能"的广泛内容来考察生命,才能真正理解生物的本质。人工生命与生命的形式化基础有关。生物学从问题的顶层开始,对器官、组织、细胞、细胞膜直到分子进行逐级研究,以探索生命的奥秘和机理;人工生命则从问题的底层开始,把器官作为简单机构的宏观群体来考察,自底向上进行综合,把简单的由规则支配的对象构成更大的集合,并在交互作用中研究非线性系统的类似生命的全局动力学特性。

人工生命的理论和方法有别于传统人工智能和神经网络的理论和方法。人工生命把生命现象所体现的自适应机理通过计算机进行仿真,对相关非线性对象进行更真实的动态描述和动态特征研究。

18. 系统与语言工具

人工智能对计算机界的某些最大贡献已经以派生的形式表现出来。计算机系统的一些概念,如分时系统、编目处理系统和交互调试系统等,已经在人工智能研究中得到发展。几种知识表达语言(把编码知识和推理方法作为数据结构和过程计算机的语言)已在20世纪70年代后期开发出来,以探索各种建立推理程序的思想。威诺格拉德(Terry Winograd)在1979年发表的文章《在程序设计语言之外》讨论了他的某些关于计算的设想;其中部分思想是在他的人工智能研究中产生的。20世纪80年代以来,计算机系统,如分布式系统、并行处理系统、多机协作系统和各种计算机网络等,都有了发展。在人工智能程序设计语言方面,除了继续开发和改进通用和专用的编程语言新版本和新语种外,还研究出了一些面向目标的编程语言和专用开发工具。关系数据库研究所取得的进展,无疑为人工智能程序设计提供了新的有效工具。

第 2 章 知 识 表 示

2.1 相 关 概 念

2.1.1 知识的概念

"知识"是我们熟悉的名词,但究竟什么是知识呢?知识就是人们对客观事物(包括自然的和人造的)及其规律的认识,还包括人们利用客观规律解决实际问题的方法和策略等。

对客观事物及其规律的认识,包括对事物的现象、本质、属性、状态、关系、联系和运动等的认识,即对客观事物的原理的认识。利用客观规律解决实际问题的方法和策略,包括解决问题的步骤、操作、规则、过程、技术、技巧等具体的微观性方法,也包括诸如战术、战略、计谋、策略等宏观性方法。所以,就内容而言,知识可分为(客观)原理性知识和(主观)方法性知识两大类。

就形式而言,知识可分为显式的和隐式的。显式知识是指可用语言、文字、符号、图形、声音及其他人能直接识别和处理的形式,明确地在其载体上表示出来的知识。例如,我们学习的书本知识就是显式表示的知识。隐式知识则是不能用上述形式表达的知识,即那些"只可意会,不可言传"的知识。例如,游泳、驾车、表演的有些知识就属于这种知识。隐式知识只可用神经网络存储和表示。

进一步地,显式知识又可分为符号式知识和图形式知识。所谓符号式知识,就是可用语言(指口语)、文字以及其他专用符号(如数学符号、化学符号、音乐符号、图示符号等)表示的知识;所谓图形式知识,就是可以用图形、图像以及实物等表示的知识。符号式知识具有逻辑性,而图形式知识具有直观性。前者在逻辑思维中使用,后者在形象思维中使用。这就是说,从逻辑和思维科学的角度看,知识又可分为逻辑的和直觉的。

就可靠性和严密性而言,知识又可分为理论知识和经验知识(即实践知识)。理论知识一般是可靠和严密的,经验知识一般是不可靠或不严密的。例如,命题"一个三角形的内角和为180°"就是一条理论知识,而命题"若天气特别闷热,则24小时内将下大雨"则是一条经验知识。显然,前者是可靠而严密的(确定而精确),而后者则是不可靠或不严密的(随机或模糊)。

就性质而言,原理性知识具有抽象概括性,因为它是特殊事物的聚类和升华,而方法性知识具有一般通用(含多用)性,因为只有通用(相对而言)才有指导意义,才可被称为知识。这两个条件是知识与数据、信息及资料的分水岭。

可以看出,上面所描述的知识没有包括诸如人名、地名、原始数据记录、新闻报道、有关历史事件和人物的记载、故事情节、记忆中的音容笑貌与湖光山色,等等。虽然这类信息大量存在于我们的头脑和环境中,有时还要学习和记忆它们,但这些信息只是一些资料,而并非知识。当然,这些资料是知识的基础和来源,知识也正是从这些资料信息中提取出来的。因此,人们有时也不严格地把这些资料称为知识。

2.1.2 知识的特性

1. 知识的相对正确性

常言道:"实践出真知。"知识源于人们生活、学习与工作的实践,是人们在信息社会中各种实践经验的汇集、智慧的概括与积累。

知识来自于人们对客观世界运动规律的正确认识,是从感性认识上升成为理性认识的高级思维劳动过程的结晶,故对应一定的客观环境与条件,知识无疑是正确的。然而,当客观环境与条件发生改变时,知识的正确性就要接受检验,必要时就要对原来的认识加以修正或补充,乃至全部更新。

例如"1 + 1 = 10",在二进制中它是正确的知识,而在十进制中它却是错的。因此,机器中的知识表示与运用,应注意结合具体环境来分析考证。再如,在一般的工程计算中,使用牛顿力学运动定律,足以满足一般精度要求而且很方便,但在接近光速的运行检测或进行核加速器中的粒子计算时,就必须以量子力学和相对论为依据来考察。

2. 知识的确定与不确定特征

如前所述,知识由若干信息关联的结构组成。但是,其中有的信息是精确的,有的信息却是不精确的。这样,则由这些信息结构形成的知识也有了确定或不确定的特征。

例如,在我国中南地区,根据天上出现彩虹的方向及其位置,可以预示天气的变化。有谚语曰:"东边日(晴天),西边雨。"但是,这只是一种常识性的经验,并不能完全肯定或否定。再如:甲有一头秀发,乙是两鬓如霜。那么甲一定是青年人,乙一定是老年人吗?对此不能完全肯定,因为相反的事例是很多的,比如当年的白毛女并不是老人,而现在六十多岁的人有一头黑发并不足为奇。

造成知识具有不确定性的因素是多方面的,例如:①证据不足、地域时区不同、各种变化因素及现实世界的复杂性,造成客观后果及其知识的不确定性;②生活中,模糊性概念及模糊关系比比皆是,形成了知识的不确定性;③概率事件发生常常不可避免,一般都具有随机不确定性;④经验性及各种不完备的积累过程,导致了相关知识的不确定性等。

尽管不确定性知识给人们带来了一些困惑,但它反映了客观世界的多样性、丰富性和复杂性。人们可以进而利用概率论、模糊(fuzzy)数学理论、贝叶斯(Bayes)方法、证据理论、粗糙集(rough set)等逻辑理论,进行不确定性环境下的研究与处理,这丰富并扩展了人工智能科学应用领域的天地。

3. 知识的可利用性和可发展性

为了使知识便于传播、学习,使有用的知识得以延续、继承与发展,人们创造了各种生动活泼的形式来记录、描述、表示和利用知识。例如采用语言、文字,使用书籍,结合文学、戏剧、绘画、摄影等艺术以及电影、电视、多媒体等手段,进行知识的演播、学习与欣赏等。事实上,人类的历史就是不断地积累知识和利用知识创造文明的历史。在人类的发展史中,知识的可利用性与可发展性是不言而喻的。知识的可利用性使得计算机或智能机器能利用知识成为现实;而知识的机器可学习性、机器可表示性使得人工智能得以不断进步与发展成为必然。

伴随着人类社会迈入信息时代,人类知识也进入了大发展时期。一方面,旧的、老的、无用的知识被淘汰,另一方面,新观念、新思想、新知识不断地被大量地挖掘出来。目前,知识的更新和知识的总量,正以前所未有的速率迅速地增长。大力发展智能科学技术,努力开发人类知识宝库,发展新一代智力工具,这正是新时代智能科学工作者的光荣历史使命。

2.1.3 知识的分类

1. 按作用范围划分

按作用范围划分,知识可分为常识性知识和领域性知识。

常识性知识是通用性知识,是人们普遍知道的知识,适用于所有领域。

领域性知识是面向某个具体领域的知识,是专业性的知识,只有相应专业的人员才能掌握并用来求解领域内的有关问题。例如,"1个字节由8个位构成""1个扇区有512个字节的数据"等都是计算机领域的知识。

2. 按作用及表示划分

按作用及表示划分,知识可分为事实性知识、过程性知识和控制性知识。

事实性知识用于描述领域内的有关概念、事实、事物的属性及状态等。例如:

(1)糖是甜的。

(2)西安是一座古老的城市。

(3)一年有春、夏、秋、冬四个季节。

这些都是事实性知识。事实性知识一般采用直接表达的形式来表示,如用谓词公式表示等。

过程性知识主要是指有关系统状态变化,问题求解过程的操作、演算和行动的知识。过程性知识一般是通过对领域内的各种问题进行比较与分析得出的规律性的知识,由领域内的规则、定律、定理及经验构成。

控制性知识又称深层知识或者元知识,它是关于如何运用已有的知识进行问题求解的知识,因此又被称为"关于知识的知识"。例如问题求解中的推理策略(如正向推理及逆向推理)、信息传播策略(如不确定性的传递算法)、搜索策略(如广度优先搜索、深度优先搜索、启发式搜索等)、求解策略(求第一个解、求全部解、求严格解、求最优解等)及限制策略(规定推理的限度)等。

例如,从北京到上海是乘飞机还是坐火车的问题可以表示如下:

(1)事实性知识:北京、上海、飞机、火车、时间、费用。

(2)过程性知识:乘飞机、坐火车。

(3)控制性知识:乘飞机较快、较贵,坐火车较慢、较便宜。

3. 按结构及表现形式划分

按结构及表现形式划分,知识可分为逻辑性知识和形象性知识。

逻辑性知识是反映人类逻辑思维过程的知识,例如人类的经验性知识等。这种知识一般都具有因果关系及难以精确描述的特点,它们通常是基于专家的经验以及对一些事物的直观感觉的。在接下来将要讨论的知识表示方法中,一阶谓词逻辑表示法、产生式表示法等都是用来表示这种知识的。

人类的思维方式除了逻辑思维外,还有一种被称为"形象思维"的思维方式。

例如,若问"什么是树?",如果用文字来回答这个问题,那将是十分困难的,但若指着一棵树说"这就是树",就容易在人们的头脑中建立起"树"的概念。

像这样通过事物的形象建立起来的知识被称为形象性知识。目前人们正在研究用神经网络来表示这种知识。

4. 按确定性划分

按确定性划分,知识可分为确定性知识和不确定性知识。

确定性知识指可指出其真值为真或假的知识,它是精确性的知识。

不确定性知识指具有不精确、不完全及模糊性等特性的知识。

2.1.4 知识表示

这里的知识表示,是指面向计算机的知识描述或知识表达形式和方法。我们知道,面向人的知识表示可以是语言、文字、数字、符号、公式、图表、图形、图像等多种形式。这些表示形式是人所能接受、理解和处理的形式。但这些面向人的知识表示形式目前还不能完全直接用于计算机,因此就需要研究适用于计算机的知识表示模式。具体来讲,就是要用某种约定的(外部)形式结构来描述知识,而且这种形式结构还要能够转换为机器的内部形式,使得计算机能方便地存储、处理和利用。

知识表示并不神秘。实际上,我们已经接触过或使用过它。例如我们通常所说的算法,就是一种知识表示形式,它刻画了解决问题的方法和步骤(即它描述的是知识),又可以在计算机上用程序实现。又如一阶谓词公式,它是一种表达力很强的形式语言,也可以用程序语言实现,所以它也可作为一种知识表示形式。

知识表示是建立专家系统及各种知识系统的重要环节,也是知识工程的一个重要方面。经过多年的探索,现在已经提出了不少的知识表示方法,例如一阶谓词逻辑、产生式规则、框架、语义网络、对象、脚本、过程等等。这些表示法都是显式地表示知识,亦称知识的局部表示。另一方面,利用神经网络也可表示知识,这种表示法是隐式地表示知识,亦称知识的分布表示。

在有些文献中,还把知识表示分为陈述表示和过程表示。陈述表示是把事物的属性、状态和关系逻辑地描述出来;而过程表示则是把事物的行为和操作、解决问题的方法和步骤具体地显式地刻画出来。一般称陈述表示为知识的静态表示,称过程表示为知识的动态表示。

对于同一条知识,既可陈述表示,也可过程表示。例如,对于求 $N!$ 这个问题,我们可以给出两个求解公式:

(1) $N! = N \times (N-1)!$

(2) $N! = N \times (N-1) \times (N-2) \times \cdots \times 3 \times 2 \times 1$

这里 $N>0, 0! =1$。

我们知道,用这两个公式编程,都可求出 $N!$。当然,用第一个公式,程序要以递归方式实现;用第二个公式,程序则要以迭代方式实现。这就是说,这两个公式都是求解阶乘问题的知识。然而,这两个公式的表示风格却迥然不同。第一个公式仅描述了 $N!$ 与 $(N-1)!$ 之间的关系,第二个公式则给出了求解的具体步骤。所以,第一个公式就是知识的陈述表示,而第二个公式则是知识的过程表示。反映在程序设计上,基于这两个公式的程序的风格也不一样。基于第一个公式的程序是递归结构的,而基于第二个公式的程序则是迭代结构的。

上面的例子也说明,知识的过程表示实际已有很多成果。通常程序设计中的许多常用算法,例如数值计算中的各种计算方法、数据处理(如查找、排序)中的各种算法,都是一些成熟的过程表示的知识。

随着知识系统复杂性的不断增加,人们发现单一的知识表示方法已不能满足需要。于是又提出了混合知识表示。另外,还有所谓的不确定或不精确知识的表示问题。所以,知识表示目前仍是人工智能、知识工程中的一个重要研究课题。

最后需要说明的是,通常一般文献中所说的知识表示,实际上已超出了"知识"的范围,例如自然语言语句的语义表示也被称为知识表示。

上面谈的知识表示,仅是指知识的逻辑结构或形式。那么,要把这些外部的逻辑形式转化为机器的内部形式,还需要程序语言的支持。原则上讲,一般的通用程序设计语言都可实现上述的大部分表示方法。但是,使用专用的面向某一知识表示的语言更为方便和有效。因此,几乎每一种知识表示方法都有其相应的专用实现语言。例如,支持谓词逻辑表示法的语言有 PROLOG 和 LISP,专门支持产生式表示法的语言有 OPS5,专门支持框架表示法的语言有 FRL,支持面向对象表示法的语言有 Smalltalk、C++ 和 Java 等,支持神经网络表示法的语言有 AXON。另外,还有一些专家系统工具或知识工程工具,也支持某一种或几种知识表示方法。

2.2 谓词逻辑表示法

人工智能中用到的逻辑可划分为两大类。一类是经典命题逻辑和一阶谓词逻辑,其特点是任何一个命题的真值或者为真,或者为假,二者必居其一。因为它只有两个真值,所以又称二值逻辑。另一类是经典逻辑外的那些逻辑,主要包括三值逻辑、多值逻辑、模糊逻辑等,统称为非经典逻辑。

命题逻辑与谓词逻辑是最先应用于人工智能的两种逻辑,对知识的形式化表示,特别是定理的自动证明发挥了重要作用,在人工智能的发展史中占有重要地位。

谓词逻辑是在命题逻辑的基础上发展起来的,命题逻辑可看作谓词逻辑的一种特殊形式。下面首先讨论命题的概念。

定义 2.1 命题(proposition)是一个非真即假的陈述句。

判断一个句子是否为命题,首先应该判断它是否为陈述句,再判断它是否有唯一的真值。没有真假意义的语句(如感叹句、疑问句等)不是命题。

若命题的意义为真,称它的真值为真,记作 T(true);若命题的意义为假,称它的真值为假,记作 F(false)。例如,"北京是中华人民共和国的首都""3<5"都是真值为 T 的命题,

"太阳从西边升起""煤球是白色的"都是真值为 F 的命题。

一个命题不能既为真又为假,但可以在一种条件下为真,在另一种条件下为假。例如,"1 + 1 = 10"在二进制情况下是真值为 T 的命题,但在十进制情况下是真值为 F 的命题。同样,对于命题"今天是晴天",也要看当天的实际情况才能决定其真值。

在命题逻辑中,命题通常用大写的英文字母表示。例如,可用英文字母 P 表示"西安是个古老的城市"这个命题。

英文字母表示的命题既可以是一个特定的命题,称命题常量,也可以是一个抽象的命题,称命题变元。对于命题变元而言,只有把确定的命题代入后,它才可能有明确的真值。

简单陈述句表达的命题称简单命题或原子命题。引入否定、合取、析取、条件、双条件等连接词,可以用原子命题构成复合命题。可以定义命题的推理规则和蕴涵式,从而进行简单的逻辑证明。这些内容和谓词逻辑类似,可以参看有关书籍。

命题逻辑表示法有较大的局限性,它无法把它所描述的事物的结构及逻辑特征反映出来,也不能把不同事物间的共同特征表述出来。例如,对于"老李是小李的父亲"这一命题,若用英文字母 P 表示,则无论如何也看不出老李与小李的父子关系。又如,对于"李白是诗人""杜甫也是诗人"这两个命题,用命题逻辑表示时,也无法把两者的共同特征(都是诗人)形式地表示出来。由于这些原因,在命题逻辑的基础上发展出了谓词逻辑。

2.2.1 谓词

谓词(predicate)逻辑是基于命题中谓词分析的一种逻辑。一个谓词可分为谓词名与个体两个部分。个体表示某个独立存在的事物或者某个抽象的概念;谓词名用于刻画个体的性质、状态或个体间的关系。

谓词的一般形式是:

$$P(x_1, x_2, \cdots, x_n)$$

其中,P 是谓词名,$x_1, x_2, \cdots, x_n$ 是个体。谓词中包含的个体数目称谓词的元数。$P(x)$ 是一元谓词,$P(x,y)$ 是二元谓词,$P(x_1, x_2, \cdots, x_n)$ 是 n 元谓词。

谓词名是由使用者根据需要人为定义的,一般用具有相应意义的英文单词表示,或者用大写的英文字母表示,也可以用其他符号甚至汉字表示。个体通常用小写的英文字母表示。例如,对于谓词 $S(x)$,既可以定义它表示"x 是一个学生",也可以定义它表示"x 是一只船"。

在谓词中,个体可以是常量,也可以是变元,还可以是一个函数。个体常量、个体变元、个体函数统称为"项"。

个体是常量,表示一个或者一组指定的个体。例如,"老张是一名教师"这个命题,可表示为一元谓词 Teacher(Zhang)。其中,Teacher 是谓词名,Zhang 是个体,Teacher 刻画了 Zhang 的职业是教师这一特征。又如,"5 >3"这个不等式命题,可表示为二元谓词 Greater(5,3)。其中,Greater 是谓词名,5 和 3 是个体,Greater 刻画了 5 与 3 之间的"大于"关系。"Smith 作为一个工程师为 IBM 工作"这个命题,可表示为三元谓词 Works(Smith,IBM,Engineer)。

一个命题的谓词表示也不是唯一的。例如,"老张是一名教师"这个命题,也可表示为二元谓词。

个体是变元,表示没有指定的一个或者一组个体。例如,"$x < 5$"这个命题,可表示为

Less(x,5)。其中,x 是变元。

当变量被一个具体的个体的名字代替时,则变量被常量化。当谓词中的变元都用特定的个体取代时,谓词就具有一个确定的真值:T 或 F。

个体变元的取值范围称个体域。个体域可以是有限的,也可以是无限的。

例如,若用 I(x)表示"x 是整数",则个体域是所有整数,它是无限的。

个体是函数,表示一个个体到另一个个体的映射。例如,"小李的父亲是教师",可表示为一元谓词 Teacher(Father(LI));"小李的母亲与他的父亲结婚",可表示为二元谓词 Married(father(LI),Mother(LI))。其中,Father(LI),Mother(LI)是函数。

函数与谓词表面上很相似,容易混淆,其实这是两个完全不同的概念。谓词的真值是真或假,而函数的值是个体域中的某个个体,函数无真值可言,它只是在个体域中从一个个体到另一个个体的映射。

在谓词 $P(x_1, x_2, \cdots, x_n)$ 中,若 $x_i(i=1,2,\cdots,n)$ 都是个体常量、个体变元或个体函数,则称它为一阶谓词;如果某个 x_i 本身又是一个一阶谓词,则称它为二阶谓词,余者类推。

2.2.2 谓词公式

1. 谓词公式的定义

用 $P(x_1, x_2, \cdots, x_n)$ 表示一个 n 元谓词公式,其中,P 为 n 元谓词,$x_1, x_2, \cdots, x_n$ 为个体变量或变元。通常把 $P(x_1, x_2, \cdots, x_n)$ 叫作谓词演算的原子公式,或原子谓词公式。可以用连词把原子谓词公式组成复合谓词公式,并把它叫作分子谓词公式。可以用归纳法给出谓词公式的定义,在谓词演算中谓词公式的递归定义如下:

(1) 原子谓词公式是合适公式;
(2) 若 A 为合适公式,则 $\neg A$ 也是一个合适公式;
(3) 若 A 和 B 都是合适公式,则 $(A \wedge B)$,$(A \rightarrow B)$ 和 $(A \leftrightarrow B)$ 也都是合适公式;
(4) 若 A 是谓词公式,x 为 A 中的自由变元,则 $(\forall x)A$ 和 $(\exists x)A$ 都是合适公式;
(5) 只有按上述规则(1)~(4)求得的那些公式,才是合适公式。

在命题逻辑中,对命题公式中各个命题变元的一次真值指派称命题公式的一个解释。命题确定后,根据各连接词的定义就可以求出命题公式的真值(T 或 F)。在谓词逻辑中,由于公式中可能有个体常量、个体变元以及个体函数,所以不能像命题公式那样直接通过真值指派给出解释,必须首先考虑个体变元和个体函数在个体域中的取值,然后才能针对变量与函数的具体取值为谓词分别指派真值。由于存在多种组合情况,所以一个谓词公式的解释可能有很多个。对于每一个解释,谓词公式都可求出一个真值(T 或 F)。

2. 连词

无论是命题逻辑还是谓词逻辑,均可用下列连接词把一些简单命题连接起来构成一个复合命题,以表示一个比较复杂的含义。

(1) $\neg$:称"否定"(negation)或者"非"。它表示否定位于它后面的命题。当命题 P 为真时,$\neg P$ 为假;当 P 为假时,$\neg P$ 为真。

例如,"机器人不在 4 号房间内"可表示为

¬INROOM(Robot,R4)

(2) ∨:称"析取"(disjunction)。它表示被它连接的两个命题具有"或"关系。

例如,"张亮打篮球或踢足球"可表示为

Plays(Zhang Liang, Basketball) ∨ Plays(Zhang Liang, Football)

(3) ∧:称"合取"(conjunction)。它表示被它连接的两个命题具有"与"关系。

例如,"我喜爱音乐和绘画"可表示为

Like(I, Music) ∧ Like(I, Painting)

某些较简单的句子也可以用∧构成复合形式,如"李住在一幢黄色的房子里",可表示为

LIVES(LI,HOUSE-1) ∧ COLOR(HOUSE-1,YELLOW)

(4) →:称"蕴涵"(implication)或者"条件"(condition)。$P→Q$ 表示"P 蕴涵 Q",即表示"如果 P,则 Q"。其中,P 称条件的前件,Q 称条件的后件。例如:

"如果刘华跑得最快,那么他取得冠军。"可表示为

Runs(Liuhua, Faster)→Wins(Liuhua, Champion)

"如果Jones制造了一个传感器,且这个传感器不能用,那么他或者在晚上进行修理,或者第二天把它交给工程师。"可表示为

Produces(Jones, Sensor) ∧ ¬Works(Sensor) → Fix(Jones, Sensor, Evening) ∨ Give(Sensor, Engineer, Next-day)

如果后件取值T(不管其前件的值如何),或者前件取值F(不管后件的值如何),则蕴涵取值T,否则蕴涵取值F。注意,只有前件为真,后件为假时,蕴涵才为假,其余情况均为真。

"蕴涵"与汉语中的"如果……则……"有区别,汉语中前后要有联系,而命题中前后可以毫无关系。例如,如果"太阳从西边出来"则"雪是白的",是一个真值为T的命题。

(5) ↔:称"等价"(equivalence)或"双条件"(bicondition)。$P↔Q$ 表示"P 当且仅当 Q"。

以上连词的真值由表2-1给出。

表2-1 谓词逻辑真值表

P	Q	¬P	$P∨Q$	$P∧Q$	$P→Q$	$P↔Q$
T	T	F	T	T	T	T
T	F	F	T	F	F	F
F	T	T	T	F	T	F
F	F	T	F	F	T	T

3. 量词

为刻画谓词与个体间的关系,在谓词逻辑中引入了两个量词:全称量词和存在量词。

(1) 全称量词(universal quantifier)($∀x$):表示"对个体域中的所有(或任一个)个体x"。例如:

"所有的机器人都是灰色的"可表示为

$(∀x)[\text{Robot}(x)→\text{Color}(x,\text{Gray})]$

"所有的车工都操作车床"可表示为

($\forall x$)[Turner(x)→Operates(x,Lathe)]

(2)存在量词(existential quantifier)($\exists x$):表示"在个体域中存在个体x"。

例如:

"1号房间有个物体"可表示为

($\exists x$)Inroom(x,r1)

"某个工程师操作车床"可表示为

($\exists x$)[Engineer(x)→Operates(x,Lathe)]

全称量词和存在量词可以出现在同一个命题中。例如,设谓词$P(x)$表示x是正数,$F(x,y)$表示x与y是朋友,则:

($\forall x$)$P(x)$表示个体域中的所有个体x都是正数。

($\forall x$)($\exists y$)$F(x,y)$表示对于个体域中的任何个体x,都存在个体y,x与y是朋友。

($\exists x$)($\forall y$)$F(x,y)$表示在个体域中存在个体x,与个体域中的任何个体y都是朋友。

($\exists x$)($\exists y$)$F(x,y)$表示在个体域中存在个体x与个体y,x与y是朋友。

($\forall x$)($\forall y$)$F(x,y)$表示对于个体域中的任何两个个体x和y,x与y都是朋友。

当全称量词和存在量词出现在同一个命题中时,量词的次序将影响命题的意思。例如:

($\forall x$)($\exists y$)(Employee(x)→Manager(y,x))

表示"每个雇员都有一个经理",而

($\exists y$)($\forall x$)(Employee(x)→Manager(y,x))

表示"有一个人是所有雇员的经理"。

位于量词后面的单个谓词或者用括号括起来的谓词公式称量词的辖域,辖域内与量词中同名的变元称约束变元,不受约束的变元称自由变元。

例如:

($\exists x$)($P(x,y)$→$Q(x,y)$)∨$R(x,y)$

其中,($P(x,y)$→$Q(x,y)$)是($\exists x$)的辖域,辖域内的变元x是受($\exists x$)约束的变元,而$R(x,y)$中的x是自由变元。公式中所有的y都是自由变元。

在谓词公式中,变元的名字是无关紧要的,可以把一个名字换成另一个名字。但必须注意的是,当对量词辖域内的约束变元进行更名时,必须把同名的约束变元都统一改成相同的名字,且不能与辖域内的自由变元同名;当对辖域内的自由变元进行更名时,不能改成与约束变元相同的名字。例如,对于公式($\forall x$)$P(x,y)$,可改名为($\forall z$)$P(z,t)$,这里把约束变元x改成了z,把自由变元y改成了t。

4. 谓词公式的性质

如果两个谓词公式无论如何解释,其真值表都是相同的,那么就称这两个谓词公式是等价的。应用上述真值表,能够确立下列等价关系。

(1)¬(¬P)等价于P （否定之否定）

(2)P∨Q等价于¬P=>Q

(3)¬(P∨Q)等价于¬P∧¬Q

¬(P∧Q)等价于¬P∨¬Q （德·摩根律）

(4) $P \wedge (Q \vee R)$ 等价于 $(P \wedge Q) \vee (P \wedge R)$
$(P \vee Q) \wedge R$ 等价于 $(P \vee Q) \wedge (P \vee R)$ （分配律）

(5) $P \wedge Q$ 等价于 $Q \wedge P$
$P \vee Q$ 等价于 $Q \vee P$ （交换律）

(6) $(P \wedge Q) \wedge R$ 等价于 $P \wedge (Q \wedge R)$
$(P \vee Q) \vee R$ 等价于 $P \vee (Q \vee R)$ （结合律）

(7) $P => Q$ 等价于 $\neg Q =\neg> P$ （逆否律）

(8) $\neg(\exists x)P(x)$ 等价于 $(\forall x)[\neg P(x)]$
$\neg(\forall x)P(x)$ 等价于 $(\exists x)[\neg P(x)]$

(9) $(\forall x)[P(x) \wedge Q(x)]$ 等价于 $(\forall x)P(x) \wedge (\forall x)Q(x)$
$(\forall x)[P(x) \vee Q(x)]$ 等价于 $(\forall x)P(x) \vee (\forall x)Q(x)$

(10) $(\forall x)P(x)$ 等价于 $(\forall y)P(y)$
$(\exists x)P(x)$ 等价于 $(\exists y)P(y)$

上述最后两个等价关系说明,一个量化的表达式中的约束变量是一种虚元,它可以用任何一个没在表达式中出现过的其他变量符号来代替。

下面举个用谓词演算来表示的英文句子的实例:

For every set x, there is a set y, such that the cardinality of y is greater than the cardinality of x.

这个英文句子可用谓词演算表示为

$(\forall x)\{Set(x) => (\exists y)(\exists u)(\exists v)[Set(y) \wedge Card(x,u) \wedge Card(y,v) \wedge G(v,u)]\}$

2.2.3 置换合一

1. 置换

在谓词逻辑中,有些推理规则可应用于一定的谓词公式和谓词公式集,以产生新的谓词公式。一个重要的推理规则是假元推理,这就是由谓词公式 W_1 和 $W_1 => W_2$ 产生谓词公式 W_2 的运算。另一个推理规则叫作全称化推理,它是由谓词公式 $(\forall x)W(x)$ 产生谓词公式 $W(A)$ 的运算,其中,A 为任意常量符号。同时应用假元推理和全称化推理,例如,可由谓词公式 $(\forall x)[W_1(x) => W_2(x)]$ 和 $W_1(A)$ 生成谓词公式 $W_2(A)$。这就是寻找的 A 对 x 的置换,使 $W_1(A)$ 与 $W_1(x)$ 一致。

一个表达式的项可为变量符号、常量符号或函数表达式。函数表达式由函数符号和项组成。一个表达式的置换就是在该表达式中用置换项置换变量。

一般说来,置换是不可交换的。

2. 合一

寻找项对变量的置换,以使两表达式一致,叫作合一。合一是人工智能中很重要的过程。

如果一个置换作用于表达式集 $\{E_i\}$ 的每个元素,则用 $\{E_i\}s$ 来表示置换例的集。称表达式集 $\{E_i\}$ 是可合一的。如果存在一个置换 s 使得

$$E_1 s = E_2 s = E_3 s = \cdots$$

那么称此 s 为 $\{E_i\}$ 的合一者,因为 s 的作用是使集合 $\{E_i\}$ 成为单一形式。

2.2.4 谓词逻辑表示法的优缺点

1. 谓词逻辑表示法的优点

(1) 自然

谓词逻辑是一种接近自然语言的形式语言,用它表示的知识比较容易理解。

(2) 精确

谓词逻辑是二值逻辑,其谓词公式的真值只有真与假,因此可用它表示精确的知识,并可保证演绎推理所得结论的精确性。

(3) 严密

谓词逻辑具有严格的形式定义及推理规则,利用这些推理规则及有关定理证明技术可从已知事实推出新的事实,或证明所做的假设。

(4) 容易实现

用谓词逻辑表示的知识可以比较容易地转换为计算机的内部形式,易于模块化,便于对知识进行增加、删除及修改。

2. 谓词逻辑表示法的局限性

(1) 不能表示不确定的知识

谓词逻辑只能表示精确性的知识,不能表示不精确、模糊性的知识,但人类的知识不同程度地具有不确定性,这就使得它表示知识的范围受到了限制。

(2) 组合爆炸

在其推理过程中,随着事实数目的增大及盲目地使用推理规则,有可能形成组合爆炸。目前人们在这一方面做了大量的研究工作,出现了一些比较有效的方法,如定义一个过程或启发式控制策略来选取合适的规则等。

(3) 效率低

用谓词逻辑表示知识时,其推理是根据形式逻辑进行的,把推理与知识的语义割裂了开来,这就使得推理过程冗长,降低了系统的效率。

尽管谓词逻辑表示法有以上一些局限性,但它仍是一种重要的表示方法,许多专家系统的知识表达都采用谓词逻辑表示,例如格林等人研制的用于求解化学等方面问题的 QA3 系统、菲克斯等人研制的 STRIPS 机器人行动规划系统、菲尔曼等人研制的 FOL 机器证明系统。

2.3 产生式表示法

1943 年,美国数学家波斯特(Post)首先提出了一个产生式系统(production system),是作为组合问题的形式化变换理论提出来的。"产生式"是指类似于 A→Aa 的符号变换规则。产生式是一种知识表达方法,具有和 Turing 机一样的表达能力。有的心理学家认为人脑对

知识的存储就是产生式形式,相应的系统就被称为产生式系统。产生式系统的广泛使用的主要原因有两点:

其一,用产生式系统结构求解问题的过程和人类求解问题的思维过程很相像,因而可以用来模拟人们求解问题时的思维过程。

其二,人们可以把产生式当作人工智能系统中的一个基本的知识结构单元,从而将产生式系统看作是一种基本模式,因而研究产生式系统的基本问题就对人工智能的研究具有很广泛的意义。

2.3.1 产生式的知识表示

产生式系统的知识表示方法,包括事实的表示和规则的表示。

1. 事实的表示

产生式方法易于描述事实,事实可看成是一个语言变量的值或是多个语言变量间的关系的陈述句。语言变量的值或语言变量间的关系可以是一个词。对事实有如下两种表示:

(1) 孤立事实的表示

孤立事实通常用三元组(对象,属性,值)或(关系,对象1,对象2)表示。其中的对象就是语言变量,当要考虑不确定性时,就要用四元组表示。这种表示的内部实现就是一个表。例如事实老王年龄是50岁,可以表示成

(Wang,Age,50)

表示老王、老张是朋友,可表示成

(friend,Wang,Zhang)

如果增加不确定的度量,可增加一个因子表示两人友谊的可信度,如

(friend,Wang,Zhang,0.8)

可理解为王、张二人的友谊可信度为0.8。

(2) 有关联的事实的表示

在许多实际情况下,知识本身是一个整体,很难分成独立的事实。事实之间联系密切,在计算机内部需要通过某种途径建立起这种联系,以便于知识的检索和利用,下面以实际的专家系统为例来说明这个问题。

① 树型结构

在 MYCIN 系统中表示事实用的是四元组。其中,对象称上下文(context),特性称临床参数。为了查找方便,它把不同的对象(即上下文)按层次组成一种上下文树。

② 网状结构

在 PROSPECTOR 探矿系统中,静态知识以语义网络的结构表示,它实际上是"特性—对象—取值"表示法的推广,把相关的知识连在一起,这样就使查找更加方便了。

PROSPECTOR 将不同对象的矿石按子集和成员关系组成如图 2-1 所示的网络,它表示"方铅矿是硫化铅的成员,硫化铅是硫化矿的子集,而硫化矿又是矿石的子集"。

用 S 表示子集关系,(subset x,y)表示 y 是 x 的子集。E 表示成员关系,(element x,y)表示 y 是 x 的成员。

同样的关系也存在于岩石之间,其网状结构如图 2-1 所示。

图 2-1 PROSPECTOR 探矿系统中事实的网状结构表示

2. 规则的表示

(1) 单个规则的表示

对于单个规则的表示一般由前件和后件两部分组成。前件由逻辑连接词组成各种不同的前提条件,后件表示前提条件为真时应采取的行为或所得的结论。如果考虑不精确性,则可考虑附加可置信度量值。

现以 MYCIN 和 PROSPECTOR 系统中的规则表示为例。

MYCIN 系统中的规则定义为:

＜rule＞ =(IF ＜antecedent＞THEN ＜action＞＜ELSE＞＜action＞)

＜antecedent＞ = (AND｛＜condition＞｝)

＜condition＞ = (OR｛＜condition＞｝|(＜predicate＞＜associative. triple＞))

＜associative. Triple＞ = (＜attribute＞＜object＞＜value＞)

＜action＞ = ｛＜consequent＞｝|｛＜procedure＞｝

＜consequent＞ = (＜associative Triple＞＜certainty Factor＞)

由定义可见,MYCIN 规则中,无论前件或后件,其基本部分是关联三元组(特性—对象—取值)或一个谓词加上三元组,同它的事实的表示方式是一致的。此外,每条规则的后件有一项置信度(certainty-factor),用来表明由规则的前提导致结论的可信程度。这一点在多数专家系统中都需要加以考虑,以便在不完全知识的条件下推理不确定性。至于采用何种度量方法为宜,与具体的论域有关。

有了规则的定义,下面再进一步分析一个具体的 MYCIN 规则以及它在机器内部用 LISP 语言的表示。

MYCIN 系统中一个典型的规则的内容如下:

前提条件:

①细菌革兰氏染色阴性

②形态杆状;

③生长需氧。

结论:该细菌是肠杆菌属,$CF=0.8$。
LISP 的表达式如下:
PREMISE:($AND(SAME CNTXT GRAM GRAMNEG))
　　　　　(SAME CNTXT MORPH ROD)
　　　　　(SAME CNTXT AIR AEROBIC)
ACTION:(CONCLUDE CNTXT CLASS ENTER OBACTERIACEAE TALLY 0.8)

在 LISP 表达式中,规则的前提和结论均以谓词加关联三元组的形式表示,这里三元组中的顺序有所不同,其顺序为 < object attribute value >。如 < CNTXT GRAM GRAMNEG > 表示某个细菌其革兰氏染色特性是阴性,这里 CNTXT 是上下文(即对象)context 的缩写,表示一个变量,可为某一具体对象——细菌所例化,MORPH 是形态,ROD 是杆状。

SAME,$AND,CONCLUDE 等为 MYCIN 系统中自定义函数。其中,SAME(C,P,LST)为3 个自变量的特殊谓词函数,3 个自变量分别是上下文 C、临床参数(特性)P、P 的可能取值 LST。SAME 函数的取值不是简单的 T 和 NIL,而是根据其自变量(对象—特性—取值)所表达内容的置信度,取 0.2~1.0 之间任一数值,当置信度 $CF \leqslant 0.2$ 时取为 NIL。

$AND < condition > ... < condition > 也是特殊的谓词函数,与 LISP 语言中系统定义的函数 AND 不同,其取值范围与 SAME 函数类似。

TALLY 是规则的置信度。

(2)有关联的规则间的关系的表示

为了便于规则的使用,在知识库中某些规则常按某种观点组织起来放在一起,形成某种结构。

①规则按参数分类

在 MYCIN 中每一项特性(临床参数)设有一种专门的特征表,表中设置一属性值,其中特别设置了两个属性值,这两个属性值指出涉及的规则。

属性 lookahead:指明哪些规则的前提涉及该参数。

属性 update-by:指出从哪些规则的行为部分可修改该参数。

显然,通过这些参数将规则组织在一起,实质上是实现了对规则的索引,从而可以有效对规则进行调用。

例如:
IDENT:< 属细菌属性 PROP-ORG >
CONTAINED-IN:(RULE 030)
EXPECT:(ONE OF(ORGANISMS))
LABDATA:T
LOOKAHEAD:(RULE 004,RULE 054,…,RULE 168)
PROMPT:(Enter the identity(genus)of *)
TRANS:(THE IDENTITY OF *)
UPDATED-BY :(RULE 021,RULE 003,…,RULE 166)

②规则的网状结构

规则之间可以以各种方式相互联系,当某一规则的结论正好是另一规则的前提或前提的一部分时,这两个规则之间就形成一种"序关系"。用箭头表示这种序关系,在规则之间就形成了一种复杂的网状结构。

2.3.2 产生式系统的组成

产生式系统由全局数据库、规则知识库和控制策略3部分组成。各部分之间的关系如图2-2所示。

图2-2 产生式系统的组成

全局数据库是产生式系统所使用的主要数据结构,求解问题的所有信息,包括推理的中间结果和最后结果。

规则知识库是某领域知识的存储器,规则用产生式来表示转换到目标状态的变换规则。规则的一般形式为

$$条件 \rightarrow 行为$$

或

$$前提 \rightarrow 结论$$

用一般计算机程序语言表示为

$$IF... THEN...$$

其中,左部确定了该规则可应用的先决条件,右半部描述应用这条规则所采取的行动或得出的结论。

控制策略(或控制系统)是规则的解释程序,它规定了如何选择一条可应用的规则对全局数据库进行操作

2.3.3 产生式系统的推理

针对要求解的问题,把已知条件转换为多元组和相关规则的表示,分别添加到全局数据库和规则知识库中,采用适当的控制策略,就可以通过产生式系统来进行问题求解了。

1. 控制策略与求解步骤

产生式系统的控制策略是一组控制命令和决策程序,用以协调系统的运行与操作,实现机器对相关问题的高效率求解,例如控制规则的调用、优化求解过程、选择推理方向与路线等。

控制策略机构的主要任务及功能是:

(1)根据题目已给定的事实,按一定的控制策略来选择规则与事实进行匹配。匹配(matching),即把所选定规则的前提条件与全局数据库中已知的事实进行比较,若二者相同,则称匹配成功,表示该规则可被使用;若不一致,则称不匹配,表示该规则不宜用于当前

推理。

（2）当有两条以上的规则可被匹配时，控制策略机构必须依据一定的原则挑选一条最有利于快速找到解的合适规则予以执行。

（3）控制策略机构必须随时判断所执行的规则及结论是否为求证的目标：若不是，表示该结论（一条或多条）是中间结果，可当作新的事实添加到全局数据库中；若是，表示问题得到证明，机器可转而进行别的相关处理。

（4）控制策略机构必须不断检测系统的运行状态参数，并由此决策系统的后续工作进程。当系统状态满足结束条件时，系统应该能够发出信号并自动停止推理。

（5）控制策略机构必须能够跟踪问题的求解过程，自动记录调用的规则序列，给出问题求解的路径。

总体来说，产生式系统的控制策略可分为两类：一类是不可撤回方式，顾名思义，即"勇往直前不回头"的方式；另一类是试探性方式，即每试探一步，有了把握再往前一步的方式。其中，试探性方式又可分为回溯方式和图搜索方式。总之，在产生式系统中，选择什么样的控制策略，要具体情况具体分析，它主要体现于具体的算法描述中。

使用产生式控制策略的求解算法与步骤描述如下：

（1）对给定的知识库规则进行初始化。即按照产生式系统的知识表示方法，把问题的全部事实及相关知识转换为多元组和产生式规则，并存储于规则知识库和全局数据库中。

（2）选择事实和相关规则进行匹配。若匹配成功，则继续执行下一步骤，否则转到步骤（5）。

（3）执行当前选中的规则。执行完毕就对该规则做出已使用一次的标记，并把该规则执行后得到的结论送入全局数据库中。

（4）求解并检查问题的全部解是否已包括在全局数据库中。若是，则成功，结束求解过程，否则转到步骤（2）。

（5）检查知识库中是否还有可以使用的规则。若有，则转到步骤（2）；否则，要求用户进一步提供关于问题的新事实或信息，再转到步骤（1）或步骤（2）。

（6）结束求解过程。若知识库中已无还可以再使用的规则，依据控制策略，说明该问题无解，给出警告表示，终止求解过程。

上述的求解步骤只是针对一般正向推理而确定的大致过程。

2. 推理方式

产生式系统推理机的推理方式有正向推理、逆向推理和双向推理3种。

（1）正向推理

正向推理是从已知事实出发，通过规则库求得结论，又被称为数据驱动方式，或自底向上的方式。推理过程：规则集中的规则的前件与数据库中的事实进行匹配，得到匹配的规则集合；从匹配规则集合中选择一条规则作为使用规则；执行使用规则，将该使用规则的后件送入数据库。

重复这个过程直到达到目标。

具体来讲，如果数据库中含有 A，而规则库中有规则 $A \rightarrow B$，那么这条规则便是匹配规则，进而将后件 B 送入数据库。这样可不断扩大数据库直至包含目标，成功结束。如果有多条匹配规则，则需要从中选一条作为使用规则。不同的选择方法直接影响着求解效率。

选择规则的问题被称为控制策略。

例如，在动物识别系统 IDENTFIER 中，包含有如下几个规则：

规则 I2 如果 该动物能产乳，
那么 它是哺乳动物。

规则 I8 如果 该动物是哺乳动物，
它反刍，
那么 它是有蹄动物而且是偶蹄动物。

规则 I11 如果 该动物是有蹄动物，
它有长颈，
它有长腿，
它的颜色是黄褐色，
它有深色斑点，
那么 它是长颈鹿。

根据这些规则，假如已知某个动物产乳，依规则 I2 可以推出这个动物是哺乳动物。如果再知该动物反刍，根据规则 I8 又可以推出该动物有蹄且是偶蹄动物，于是得到新的事实：该动物是有蹄动物。再加上该动物有长腿、长颈等事实，利用规则 I11，可以推出该动物是长颈鹿。

（2）逆向推理

逆向推理是从目标（作为假设）出发，逆向使用规则，求得已知事实。逆向推理又被称为目标驱动方式或称自顶向下的方式，其推理过程如下：规则集中的规则的后件与目标事实进行匹配，得到匹配的规则集合；从匹配规则集合中选择一条规则作为使用规则；将使用规则的前件作为子目标。

重复这个过程直至各子目标均为已知事实后成功结束。

如果目标明确，使用逆向推理方式效率较高，所以其常为人们所使用。

从上面的推理过程可以看出，进行逆向推理时可以先假设一个结论，然后利用规则去推导支持假设的事实。

例如，在动物识别系统 IDENTFIER 中，为了识别一个动物，可以进行如下的逆向推理：

①若假设这个动物是长颈鹿，为了检验这个假设，根据 I11，要求这个动物是长颈、长腿且是有蹄动物。

②假设全局数据库中已有该动物是长腿、长颈等事实，还要验证"该动物是有蹄动物"，为此，规则 I8 要求该动物是"反刍动物"且是"哺乳动物"。

③要验证"该动物是哺乳动物"，根据规则 I2，要求该动物是"产乳动物"。现在已经知道该动物是"产乳动物"和"反刍动物"，即各子目标都是已知事实，所以逆向推理成功，即"该动物是长颈鹿"假设成立。

（3）双向推理

双向推理，即自顶向下又自底向上，从两个方向进行推理，直至某个中间界面上两方向结果相符便成功结束。不难想象，这种双向推理所形成的推理网络较正向推理或逆向推理所形成推理网络来得小，从而推理效率更高。

2.3.4 产生式表示的特点

上述产生式系统具有一般性,可用来模拟一般的计算或求解过程。产生式系统作为人工智能中的一种形式体系,具有如下特点:

(1)产生式以规则作为形式单元,格式固定,易于表示,且知识单元间相互独立,易于建立知识库。

(2)推理方式单纯,适合模拟具有数据驱动特点的智能行为。当一些新的数据输入时,系统的行为就会发生改变。

(3)知识库与推理机相分离,这种结构易于修改知识库,可增加新的规则去适应新的情况,而不会破坏系统的其他部分。

(4)易于对系统的推理路径做出解释。

2.4 语义网络表示法

语义网络是人工智能常用的知识表示法之一。作为人类联想记忆的一个显式心理学模型,它由 J. R. Quillian 于 1986 年在他的博士论文中首先提出,并用于自然语言处理。在 20 世纪 70 年代,Simon、Winston、Hendrix 等人都对语义网络的应用与发展做出了贡献。

语义网络结构共使用了 3 种图形符号:框、带箭头及文字标识的线条和文字标识线,分别被称为节点、弧(又叫作边或支路)、指针。

节点:原称为结点,用圆形、椭圆形、菱形或长方形的框图来表示,用来表示事物的名称、概念、属性、情况、动作、状态等。

弧:这是一种有向弧,又称边或支路。节点之间用带箭头及文字标识的有向线条来联络,用以表示事物之间的结构,即语义关系。

指针:也叫指示器,是在节点或者弧线的旁边,另外附加的必要的线条及文字标识,用来对节点、弧线和语义关系做出相宜的补充、解释与说明。

可见,语义网络是一种使用概念及其语义关系来表达知识的有向图。

2.4.1 基本语义关系

任何复杂的语义关系,都可以通过许多基本的语义关系予以关联来实现。因此,简单语义关系是构成复杂语义关系的基础。事实上,简单语义关系具有多样性和灵活性。作为参考,下面仅对一些最常见的简单语义关系加以讨论。

1. 属性关系

属性关系表示对象及其属性关系之间的关系。常用的属性关系有:

(1)HAVE:含义为"有",表示上层节点具有下层节点所描述的属性值。

(2)CAN:含义为"能"或"会",表示上层节点能够执行下层节点所描述的功能。

例如,企鹅是一种有翅膀、会游泳的鸟。其中,"有翅膀""会游泳"就分别表示了企鹅所具有及所能够进行的属性关系。

2. 包含关系

包含关系又称聚类关系,表示下层概念是上层概念的一个组成部分。与分类关系不同的是,包含关系一般不具备属性的继承性。常用的包含关系:

(1) APO(a-part-of):含义为"是……中的一部分"。

(2) CO(composed-of):含义为"由……所构成",表示某一个(或某些)事物是另一事物的一个组成部分或构成要素。

例如,"学生、教师、课程都是教学活动的要素"和"门、窗户是房子结构的一部分"分别可用图 2-3 和图 2-4 所示的语义网络来表示。

图 2-3 包含关系示例 1

图 2-4 包含关系示例 2

3. 从属关系

从属关系又称分类关系,包括实例关系和泛化关系等,指具有共同属性的不同事物间的类别归并关系、成员关系或实例关系。它体现的是"个体物与抽象类""成员与集体"的从属性质。从属关系的一个重要特征是具有属性的继承性,处在具体层的节点可以继承抽象层节点的所有属性。常用的从属关系有:

(1) ISA(is-a):含义为"是一个",表示某事或某物是一个具体的实例。

(2) AKO(a-kind-of):含义为"是……之中的一种",表示某事物是某类中的一个。

(3) AMO(a-member-of):含义为"是……之中的一员",表示某物是某类中的一员。

例如,分类关系"海棠花(类)是一种植物",可用图 2-5 所示的语义网络来表示,它说明了海棠花是一种植物的类型,并继承了植物的相关属性;图 2-6 所示的语义网络,表示了"钟明是研究生"的成员关系;而"西安是一座著名古都",可用图 2-7 所示的语义网络表示。

图 2-5 分类关系　　　　　　图 2-6 成员关系

图 2-7 实例关系

例如,类别属性关系中,具体在某一层节点中,除了可继承上层节点的属性外,还可以增加一些自己的个性,甚至还能够对上层节点的某些属性加以更改。

2.4.2 复合语义关系

1. 多元语义网络

语义网络是一种网络结构,节点之间以链相连。从本质上讲,节点之间的连接是二元关系。如果所要表示的知识是一元关系,例如,要表示李明是一个人,这在谓词逻辑中可表示为

MAN(LI MING)

用语义网络,则可以表示为

LI MING $\xrightarrow{ISA}$ MAN

与这样的表示相等效的关系在谓词逻辑中表示为

ISA(LIMING,MAN)

这说明语义网络可以毫无困难地表示一元关系。

如果所要表示的事实是多元关系,例如,要表达北京大学(Beijing University,BU)和清华大学(Tsinghua University,TU)两校篮球队在北大进行的一场比赛的比分是85比89。若用谓词逻辑可表示为

SCORE(BU,TU,(85-89))

这个表示式中包含 3 项,而语义网络从本质上来说,只能表示二元关系。解决这个矛盾的一种方法是把这个多元关系转化成一组二元关系的组合,或二元关系的合取。具体来说,多元关系 $R(X_1,X_2,\cdots,X_n)$ 总可以转换成 $R_1(X_{11},X_{12}) \wedge R_2(X_{21},X_{22}) \wedge \cdots \wedge R_n(X_{n1},X_{n2})$。例如,3 条线 a,b,c 组成一个三角形,可表示成

TRIANGLE(a,b,c)

这个三元关系可转换成一组二元关系的合取:

CAT(a,b) $\wedge$ CAT(b,c) $\wedge$ CAT(c,a)

式中,CAT 表示串行连接。

要在语义网络中进行这种转换需要引入附加节点。对于前述球赛,可以建立一个 G25 节点来表示这场特定的球赛,然后把有关球赛的信息和这场球赛联系起来,如图 2-8 所示。

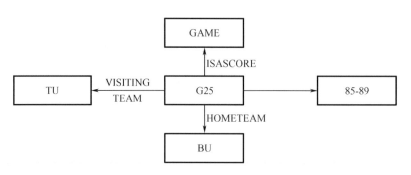

图 2-8 多元关系的语义网络表示

2. 连词和量词

(1) 合取

多元关系可以被转换成一组二元关系的合取,从而可以用语义网络的形式表示出来,例如:

John gave Mary the book.

这个事实,可用谓词逻辑表示为

GIVE(JOHN,MARY,BOOK)

其中包括 3 项。若用语义网络表示这个事实,则如图 2-9 所示。其中引入了一个附加节点 G1,表示一个特定的给某人东西的事件。B23 表示一件给人的东西。

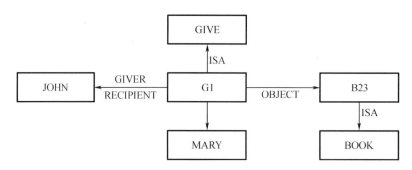

图 2-9 合取的语义网络表示

与节点 G1 相连的链 GIVER、OBJECT 以及 RECIPIENT 之间是合取关系。因此,在语义网络中,如果不加标志,就意味着节点之间的关系是合取。

(2) 析取

在语义网络中,为与合取关系相区别,在析取关系的连接上加注析取界限,并标记 DIS。例如若要表示

ISA(A,B) ∨ PART OF(B,C)

这时语义网络如图 2-10 所示。如果没有加注析取界限,则这个网络就会被解释为

ISA(A,B) ∧ PART OF(B,C)

(3) 否定

为表示否定关系,可采用¬ISA 和¬PARTOF 关系或标注 NEG 界限的方法,如图 2-11

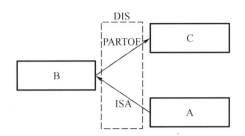

图2-10 析取的语义网络表

所示,图3-11(a)和图3-11(b)分别表示

¬(A ISA B)

和

¬(B PARTOF C)

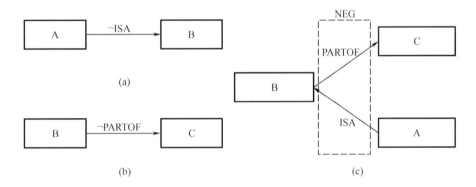

图2-11 否定的语义网络表示
¬(A ISA B);(b)¬(B PARTOF C);(c)¬[ISA(A,B)∧PARTOF(B,C)]

如果要用语义网络表示,则为

¬[ISA(A,B)∧PARTOF(B,C)]

可利用德·摩根律使否定关系只作用于 ISA 关系和 PARTOF 关系。这时,仍可利用¬ISA 和¬PARTOF 来表示这个事实。如果不希望改变这个表达式的形式,那么可利用 NEG 界限,如图2-11(c)所示。

(4)蕴涵

在语义网络中可用标注 ANTE 界限和 CONSE 界限的方式来表示蕴涵关系。ANTE 界限和 CONSE 界限分别用来把与先决条件(antecedent)相关及与结果(consequence)相关的链联系在一起。例如,可用如图2-12所示的语义网络来表示。

Every one who lives at 37 Victory Street is a programmer.

在先决条件的一边建立 Y 节点,表示一个特定的地址事件;这一事件涉及住在胜利街37号的人们,因此用 LOC 链与 37VICTORY 节点相连;用 PERSON 链和 X 节点相连,X 表示与此事件有关的人们,是一个变量。在结果这边,建立 O(X,Y)节点代表一个特定的职业事件,这事件是以 X 和 Y 的 Skolem 函数的形式来表示的。因为一个特定的职业事件由 X 和 Y 决定,每给定一个 X 和 Y,就有一个特定职业事件与之相对应。我们用 ANTE 界限和

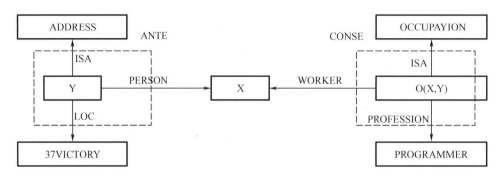

图 2-12 蕴涵的表示

CONSE 界限来分别标注出与先决条件及结果有关的链,然后用一条虚线把这两个界限连接起来,以表示这两者是一对构成蕴涵关系的先决条件和结果。这样,在存在多于一对蕴涵关系时,也不会引起混淆。

(5)量化

存在量化在语义网络中可直接用 ISA 链表示,而全称量化则要用分割方法表示。例如,要表示

The dog bit the postman.

这句话,意味着所涉及的是存在量化。图 2-13 所示为相应的语义网络。网络中 D 节点表示一特定的狗,P 节点表示特定的邮递员,B 节点表示特定的咬人事件。咬人事件 B 包括两部分,一部分是攻击者,另一部分是受害者。节点 D、节点 B 和节点 P 都是用 ISA 链与概念节点 DOG、BITE 以及 POSTMAN 相连的,因此表示的是存在量化。

如果进而要表示

Every dog has bitten a postman.

这个事实,用谓词逻辑可以表示为

$(\forall x) DOG(x) \Rightarrow (\exists y)[POSTMAN(y) \land BITE(z,y)]$

上述谓词公式中包含有全称量词。用语义网络来表达知识的主要困难之一是如何处理全称量词。解决这个问题的方法之一是把语义网络分割成空间分层集合,每一个空间对应一个或几个变量的范围。图 2-13(b)所示是上述事实的语义网络,其中,空间是一个特定的分割,它表示一个断言

A dog has bitten a postman.

因为这里所指的狗应是每一条狗,所以我们把这个特定的断言认作是断言 G 的变量化。换句话说,这样的语义网络表示对每一条狗 D 存在一个咬人事件 B 和一个邮递员 P,使得 D 是 B 中的攻击者,而 P 是受害者。

为进一步说明分割如何表示量化变量,可考虑如何表示下述事实:

Every dog has bitten every postman.

我们只需要对图 2-13(b)进行简单的修改,唯一要做的是用链与节点 P 相连。这样做的含义是"每条狗咬了每个邮递员",如图 2-13(c)所示。

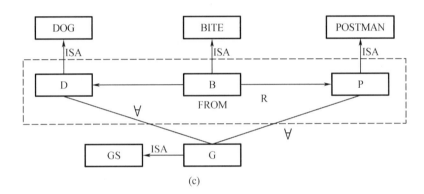

图 2-13 量化在语义络中的表示

(a) "The dog bit the postman."; (b) "Every dog has bitten a postman."; (c) "Every dog has bitten every postman."

3. 复合语义关系

(1) 时间空间复合关系

时间空间复合关系表示了事物或事件发生的时间和位置地点。常用这类关系有：

①AFTER：含义为"在……之后"，表示上层节点事实发生在下层节点所描述的事件之后，或者表示下层节点对象的位置在上层节点对象的位置之后。

②BEFORE：含义为"在……之前"，表示上层节点事实发生在下层节点所描述的事件之前，或者表示下层节点对象的位置在上层节点对象的位置之前。

③ON：含义为"在……之上"，表示下层节点所描述的事物对象位于上层节点所描述的事物下。

④AT：含义为"在……时刻"或"在……地点"，表示上层节点事实正好发生在下层节点所描述的事件的时间或地点。

此外，对应于多个对象，除了既有时间表示又有空间表示的复合关系之外，还可以有比较、相互接近等关系的组合。

(2) 复合推论关系

如果从一个概念或情况出发,推出了另一个复合概念或事件,就构成了复合推论关系。注意:这里所说的复合关系,包含了各种复杂情况,例如多元关系、多语义成分以及构成单元复合等。常用的这类关系有:

① BO(because-of):含义为"由于……";
② FOR:含义为"为了……";
③ THEN:含义为"就……则……";
④ GET:含义为"使得……得到……"。

(3) 复合逻辑关系

若把包括 NOR(非)、AND(与)、OR(或)等的各种单一的逻辑语义关系组合起来,就得到了复合逻辑关系。

在复合逻辑关系中,除了上述逻辑功能的联合作用外,还包括多元关系、连接词、量词、模糊逻辑和各种其他逻辑的复杂语义网络的合成,用以表示各种事实性知识、过程性知识与规则,例如构成机器问答系统,描述并解释各种事件等。

2.4.3 语义网络的推理

语义网络中的推理过程主要有两种,即继承和匹配。下面分别介绍这两种过程。

1. 继承

语义网络中的继承是把对事物的描述从概念节点或类节点传递到实例节点。例如,在图 2-14 所示的语义网络中,BRICK 是概念节点,而 BRICK12 是实例节点。BRICK 节点在 SHAPE(外形)槽,其中填入了 RECTANGULAR(矩形),说明砖块的外形是矩形的。这个描述可以通过 ISA 链传递给实例节点 BRICK12。因此,虽然 BRICK12 节点没有 SHAPE 槽,但可以根据这个语义网络推出 BRICK12 的外形是矩形的。

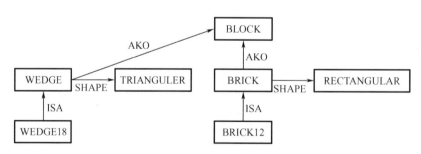

图 2-14 语义网络的值继承

这种推理过程类似于人的思维过程。一旦知道了某种事物的身份以后,我们就可以联想起很多关于这件事物的一般描述。例如,我们通常认为鲸鱼很大,鸟比较小,城堡很古老,运动员很健壮。这就像用每种事物的典型情况来描述各种事物(鲸鱼、鸟、城堡和运动员)那样。

继承过程有 3 种:值继承、"如果需要"继承和"缺省"继承。

(1) 值继承

除了 ISA 链以外,另外还有一种 AKO(a-kind-of,含义为"是某种")链也可被用于语义网络中的描述或特性的继承,如图 2-14 所示。

总之,ISA 链和 AKO 链直接地表示类的成员关系以及子类和类之间的关系,提供了一种把知识从某一层传递到另一层的途径。

想要利用语义网络的继承特性进行推理,还需要一个搜索程序,用来在合适的节点寻找合适的槽。

值继承程序:

设 F 是给定的节点,S 是给定的槽。

①建立一个由 F 以及所有和 F 以 ISA 链相连的类节点构成的表。在表中,F 节点排在第一个位置。

②检查表中第一个元素的 S 槽是否有值,直到表为空或找到一个值。

a. 如果表中第一个元素在 S 槽中有值,就认为找到了一个值。

b. 否则,从表中删除第一个元素,并把以 AKO 链与此元素相连的节点加入到这个表的末尾。

c. 如果找到了一个值,那么就说这个值是 F 节点的 S 槽的值;否则宣布失败。

因为在上述程序中新的类节点是放在节点表的末尾的,所以这样的值继承过程所进行的是宽度优先搜索。又因为在一个槽中可能有不止一个值,所以可能发现一个以上的值,这时所有发现的值都要记录。

(2) "如果需要" 继承

在某些情况下,当不知道其槽值时,可利用已知信息来计算。例如,可根据体积和物质的密度来计算积木的质量。进行上述计算的程序称为 IF-NEEDED(如果需要)程序。

为了储存进行上述计算的程序,需要改进节点的槽值结构,允许槽有几种类型的值,而不只是一个类型。为此,每个槽又可有若干个侧面,以储存这些不同类型的值。这样,之前我们讨论的原始意义上的值就放在"值侧面"中,IF-NEEDED 程序存放在 IF-NEEDED 侧面中。

例如在图 2-15(a)中,一个质量确定程序存放在 BLOCK 节点的 WEIGHT 槽的 IF-NEEDED 侧面中。

计算质量的 IF-NEEDED 程序:

如果在 VOLUME(体积)槽和 DENSITY(密度)槽中有值,则

①把这两个槽中值的乘积放入 WEIGHT 槽中。

②把上述乘积记下作为节点的质量值。

通常,如同 VALUE 侧面中的值那样,在 IF-NEEDED 侧面中的程序也可以被继承,以下是一种可能的继承程序。

IF-NEED 继承程序:

设 F 是给定的节点,S 是给定的槽。

①建立一个由 F 以及所有和 F 以 ISA 链相连的类节点构成的表。在此表中,F 节点排在第一个位置。

②检查表中第一个元素的 S 槽的 IF-NEEDED 侧面中是否存有一个过程,直到表为空或找到一个成功的 IF-NEEDED 过程为止。

a. 如果侧面中有一个过程,且这个过程产生一个值,那么就认为已找到一个值。

b. 否则从表中删除这第一个元素,并把以 AKO 链和此元素相连的节点加入到这个表的末尾。

③如果一个过程找到一个值,那么就说所找到的值是 F 节点的槽值;否则宣布失败。

例如,假设我们希望计算图 2-15(a)中 BRICK12 节点的质量,BLOCK 节点中的程序就根据 BRICK12 的体积和密度计算质量,并把计算结果存入 BRICK12 的 WHIGHT 槽的值侧面中,如图 2-15(b)所示。

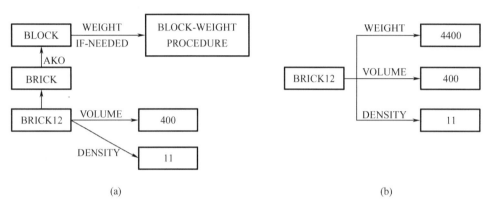

图 2-15 语义网络的"如果需要"继承

(3)"缺省"继承

某些情况下,当对事物所做的假设不是十分有把握时,最好对所做的假设加上"可能"这样的字眼。例如,我们可以认为法官可能是诚实的,但不一定是;或可以认为宝石可能是很昂贵的,但不一定是。

我们把这种具有相当程度的真实性但又不能十分肯定的值称为"缺省"值。这种类型的值被放入槽的 DEFAULT(缺省)侧面中。

例如,在图 2-16 中,网络所表示的含义是:从整体来说,积木的颜色很可能是蓝色的,但在砖块(BRICK)中,颜色可能是红的。对 BLOCK 节点和 BRICK 节点来说,在 COLOR 槽中找到的侧面都是 DEFAULT 侧面,在图中用括号加以标识。

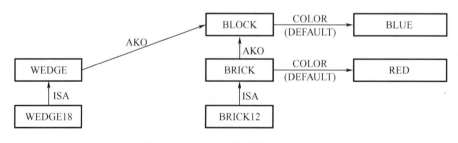

图 2-16 语义网络的"缺省"继承

现在需要一个应用在 DEFAULT 侧面中的信息搜索过程,以下是一个可能的过程。
DEFAULT 继承程序:
设 F 是给定的节点,S 是给定的槽。

①建立一个由 F 及所有和 F 以 ISA 链相连的类节点构成的表。表中,F 节点排在第一个位置。

②检查表中第一个元素的 S 槽的 DEFAULT 侧面中是否有值,直到表为空或找到一个缺省值为止。

a. 如果表中第一个元素的 S 槽的 DEFAULT 侧面中有值,就认为已找到了一个值。

b. 否则从表中删除第一个元素,并把以 AKO 链和此元素相连的节点加入到这个表的末尾。

c. 如果找到了一个值,那么就说所找到的值是 F 节点的 S 槽的缺省值。

2. 匹配

前面讨论的是类节点和实例节点。现在转向讨论更为困难一些的问题。当解决涉及由几部分组成的事物时,如图 2 - 17 中所示的玩具房(TOY-HOUSE)和玩具房 - 77(TOY-HOUSE 77),继承过程将如何进行?不仅必须制定把值从玩具房传递到玩具房 - 77 的路径,而且必须制定把值从玩具房部件传递到玩具房 - 77 部件的路径。

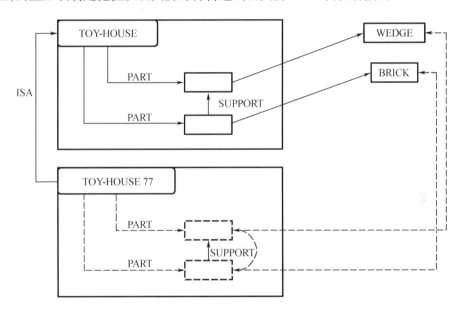

图 2 - 17 虚节点和虚链

很明显,由于 TOY-HOUSE 77 是 TOY-HOUSE 的一个实例,所以它必须有两个部件,一个是砖块,另一个是楔块(WEDGE)。另外,作为玩具房的一个部件的砖块必须支撑楔块。在图 2 - 17 中,玩具房 - 77 部件以及它们之间的链,都用虚线画的节点和箭头来表示。这是因为这些知识是通过继承而间接知道的,并不是通过实际的节点和链直接知道的。虚线画的节点和箭头表示的链是虚节点和虚链。

没有必要从 TOY-HOUSE 节点把这些节点和链复制到 TOY-HOUSE 77 节点去,除非需要在这些复制节点中加上玩具房 - 77 所特有的信息。

2.4.4 语义网络的特点

语义网络知识表示求解系统是基于语义网络知识库和语义网络推理机的功能及其调用的基础上的,主要使用了匹配和继承两种推理机制,它们通过对语义网络推理规则的控制及其相继交互完成推理过程。

语义网络是一种结构化知识表示方法,具有表达直观、表现方法灵活、容易掌握和理解的特点。概括起来,其主要优点如下:

(1) 采用语义关系的有向图来连接,语义、语法、词语应用兼顾,描述生动、表达自然、易于理解;

(2) 是一种结构化知识表示方法,易于进行系统模块功能的组织与集成,模块功能调用灵活,便于扩充,也易于在系统维护中进行功能更新与修改;

(3) 具有匹配推理和属性继承特性,便于实现机器学习与联想。

虽然语义网络知识表示和推理具有较大的灵活性和多样性,但是没有公认严密的形式表达体系,不可避免地导致了非一致性和程序设计与处理上的复杂性,这也是语义网络知识表示尚待深入研究解决的一个课题。

2.5 框架表示法

2.5.1 框架理论

1975 年,Minsky 在他的论文"A Framework for Representing Knowledge"中提出了框架理论,受到了人工智能界的广泛重视,后来被逐步发展成为一种广泛使用的知识表示方法。

框架理论的提出基于以下心理学研究成果:在人类日常的思维及理解活动中已存储了大量的典型情景,当分析和理解所遇到的新情况时,人们并不是从头分析新情况,然后再建立描述这些新情况的知识结构,而是从记忆中选择(即匹配)某个轮廓的基本知识结构(即框架)。这个框架是以前记忆的一个知识空框,而其具体的内容又随新的情况而改变,即新情况的细节不断填充到这个框架中,形成新的认识存储到人的记忆中。例如,我们到一个新开张的饭馆吃饭,根据以往的经验,可以想象到在这家饭店里将看到菜单、桌子、椅子和服务员等,然而关于菜单的内容,桌子、椅子的式样和服务员穿什么衣服等具体信息要到饭馆观察后才可以得到。这种可以预见的知识结构在计算机中表示成数据结构,就是框架。框架理论将框架作为知识的单元,将一组有关的框架连接起来便形成框架系统。许多推理过程可以在框架系统内完成。

2.5.2 框架结构

1. 框架一般结构

框架是由一组用来描述框架各方面特性的框架槽(slot)和框架的侧面(可默认)所组成

的。其中,框架槽用于描述所讨论对象某一方面的属性,而侧面则用于描述框架槽相应属性某个方面的细节知识。人们常把赋予槽的属性数值简称为槽值,把赋予侧面的属性项的知识或资料信息又称为侧面值。

在采用框架表示知识的系统中,一般都含有多个框架,并有主框架和子框架之分。其中,主框架表示主问题,子框架表示子问题,并使用槽号作为指针加以引导和区分。为了标称和区分不同的框架、框架内不同的槽、槽中不同的侧面,分别给它们冠以不同的框架名、槽名和侧面名。另外,对于框架、槽、侧面,还可以附加一些说明性的信息作为约束条件,用于指出什么样的资料或信息才可以作为特性值,填入到对应的槽或侧面的条目中去。

通常框架结构可按照如下形式来描述。

<框架名>

槽名 M:侧面名$_{m1}$(值$_{m11}$,值$_{m12}$,值$_{m13}$,…)

　　　　侧面名$_{m2}$(值$_{m21}$,值$_{m22}$,值$_{m23}$,…)

　　　　　　⋮

　　　　侧面名$_{mk}$(值$_{mk1}$,值$_{mk2}$,值$_{mk3}$,…)

　　⋮

约束:约束条件$_1$

　　　约束条件$_2$

　　　　⋮

　　　约束条件$_n$

由上述表示形式可见,可把一个框架分为若干个有限数目的槽,而一个槽可以分为若干个侧面,也可不分侧面,这取决于框架属性的描述需要。另外,一个侧面可以选择任意有限数目的侧面值。表示的槽值或侧面值可以是数值、字符串、布尔值,也可以是满足某给定条件时所要执行的动作或过程。特别要指出的是:槽值或侧面值还可以用另一个框架的名字来表示,这样就实现了一个框架对另一个框架的调用,表达了框架之间的嵌套关系和横向联系。

2. 框架表示举例

举例来说,下面是一个关于"大学教师"的框架设计模式。

框架名:(大学教师)

姓名:单位(姓,名)

年龄:单位(岁)

性别:范围((男,女)默认:男)

学历:范围(学士,硕士,博士)

职称:范围((教授,副教授,讲师,助教)默认:讲师)

部门:范围(学院(或系、处))

住址:<住址框架>

工资:<工资框架>

参加工作时间:单位(年,月)

健康状况:范围(健康,一般,较差)

其他:范围(<个人家庭框架>,<个人经济状况框架>)

上述框架共有11个槽,分别描述了关于"大学教师"的11个方面的知识及其属性。在每个槽里都指定了一些说明性的信息,表明了相关槽的值的填写要有某些限制。其中,在尖括号"< >"中表示要填入的内容本身就是框架名;对于"姓名""年龄""参加工作时间"等侧面,用"单位"表示要求所填的内容必须符合圆括号"(姓、名)"中所要求的顺序来填写。例如按照"姓名"槽的姓在前、名在后以及参加工作年、月的时间顺序来填写;"范围"指定了相关槽的值只能在指定的范围内挑选。例如对"职称"槽,要求槽的值只能在列出的"教授""副教授""讲师""助教"中选择合适的值填入,而不能填写别的;"默认"表示如果对应默认的槽没有填写任何内容,就应以默认值作为当前槽值。例如

在"性别"槽中,若没有填入"男"或"女"时,就默认它是"男",则对男性教师就可省去这一槽值的填写手续了。

对于上述框架,当把具体某个教师的信息填入到相关的槽和侧面中时就得到了一个实例框架。例如把某教师周伯通的一组信息填入"大学教师"框架的各个槽,就可得到:

框架名:<大学教师-12>
姓名:周伯通
年龄:29
性别:男
学历:博士
职称:副教授
部门:计算机科学与工程学院
住址:<adr-12>
工资:<sal-12>
参加工作时间:2004,9
健康状况:健康
其他:<个人家庭-12>

这就是关于周伯通老师实际事例的一个框架,实际上,描述每位教师(设其序号为x)的情况都应该有类似这样的一个框架模式。其框架名为"大学教师-x",要了解其他状况还需要查阅<adr-x>、<sal-x>、<个人家庭-x>等。

2.5.3 框架表示法的特点

框架表示法也是一种结构化知识表示方法,其具体特性如下:

1. 结构性

框架表示法最突出的特点是便于表达结构性知识,能够将知识内部结构关系及知识之间的联系表示出来,因此它是一种结构化的知识表示方法,这是产生式表示法所不具备的,产生式系统中的知识单位是产生式规则,这种知识单位太小而难以处理复杂问题,也不能将知识之间的结构关系表示出来。产生式规则只能表示因果关系,而框架表示法不仅可以通过Infer槽或者Possible-reason槽表示因果关系,还可以通过其他槽表示更加复杂的关系。

2. 继承性

框架表示法通过使槽值为另一个框架的名字实现框架间的联系,建立起表示复杂知识的框架网络。在框架网络中,下层框架可以继承上层框架的槽值,也可以进行补充和修改,这样不仅减少了知识的冗余,而且较好地保证了知识的一致性。

3. 自然性

框架表示法与人在观察事物时的思维活动是一致的,比较自然。

框架表示法主要的缺点是过于死板,难以描述诸如机器人纠纷等类似的动态交互过程的生动性。

2.6 过程表示法

所谓过程表示法,就是把问题求解的总目标划分为一个个过程(procedure)目标,再结合知识利用环节确定为若干操作步骤,表示为一个个过程。每一个过程就是一段程序,用于完成对一个具体事件或情况的处理。在问题求解中,当需要使用某个过程时,就调用相应的程序并执行之。这样,问题的求解与推理,就转换成为一个又一个过程的程序组织与调用了。

简而言之,依据问题的求解目标,按照事物的发展过程规律,用相关知识加以设计和描述其求解过程的方法,被称为过程表示法。

对比前述各种知识表示方法,前述非过程表示法往往只从个体动作或个体自身行为的独立作用和影响出发,注重个体环境的静态描述,而过程表示法把问题相关领域的知识、信息以及求解问题的控制策略等,均隐含地表述为一个或多个求解问题的过程,并着重于动态过程的描述。过程表示法具体描述其控制行为所导致的一系列状态变迁,关注的是某个对象发出的若干个连续操作而导致的过程目标。

2.6.1 九宫问题求解

这里以九宫问题(又叫作八数码难题)求解过程状态的描述为例,来说明过程表示法的求解方法及其推理形式。

如图 2 – 18(a)所示,可用 $X_0 \sim X_8$ 来标记问题中的 9 个小方格的对应位置,图 2 – 18(b) 为问题的一种目标状态 S_g。其中,数字 1~8 是对应棋子的名称,中间的小方格是可供移动的空位。求解从任意初始状态到达目标状态的解路径。

解 依据九宫问题要达到的目标状态来分析,针对任何一个初始状态 S_0,设法使棋子一步步移动空位而逐渐逼近最终目标。因此,可按如下步骤来求解:

步 1 首先检查棋盘布局,若 $S_0 \neq S_g$,则检查 X_1 处棋子是否为数码 1。是,则转到步 3;否则任意移动棋牌,使棋子 1 和空格均不在 X_3 位置上。

步 2 按照图 2 – 19(a)所示的环形逆时针(或顺时针)方向移动空格,并依次移动棋牌,直到棋子 1 位于 X_1 位置,空格位于 X_8 位置时为止。

图 2-18 九宫问题状态的描述

步 3 按照图 2-19(b)所示的环形逆时针(或顺时针)方向移动空格,并依次移动棋子,直到数码 2 位于 X_2 位置,空格位于 X_0 位置时为止。若这时刚好数码 3 在 X_3 位置上,则转到步 7。

步 4 按照图 2-19(c)所示环形的逆时针(或顺时针)方向移动空格,并依次移动棋牌,直到数码 3 位于 X_0 位置,空格位于 X_8 位置时为止。

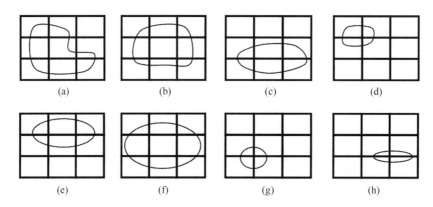

图 2-19 可供空格移动选择的图形及方向

经过以上 4 步,得到的状态如图 2-20(a)所示。其中,"X"表示除空格以外的其他任何棋子。

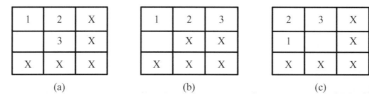

图 2-20 典型模板

步 5 按照图 2-19(d)所示的环形逆时针(或顺时针)方向移动空格,并依次移动棋子,直到空格移动到 X_0 位置为止。此时状态如图 2-20(c)所示。

步 6 按照图 2-19(e)所示的环形逆时针(或顺时针)方向移动空格,并依次移动棋子,直到空格又回到 X_8 位置为止。此时状态如图 2-20(b)所示。

步 7 按照图 2-19(c)所示的环形逆时针(或顺时针)方向,依次移动棋子和空格,直到数码 4 位于 X_4 位置,空格位于 X_0 位置。若这时数码 5 刚好位于 X_5 位置上,则转步 11。

步 8 按照图 2-19(g)所示的环形逆时针(或顺时针)方向移动空格,并依次移动棋子,直到数码5位于X_0位置,空格位于X_8位置时为止。

步9 依次移动棋子,使得空格位置按照图2-19(f)所示的环形逆时针(或顺时针)方向移动,并依次移动棋子,直到空格位于X_4位置时为止。这时,使数码5插入X_4位置,再使X_6位置数码插入X_0位置,则空格位于X_6位置,如图2-21(i)所示。

步10 按照图2-19(f)所示的环形逆时针(或顺时针)方向移动空格,并依次移动棋子,直到状态如图2-21(j)所示。

步11 按照图2-19(g)所示的环形逆时针(或顺时针)方向移动空格,并依次移动棋子,直到状态如图2-21(k)所示,则问题得解;否则可得到图2-21(l),说明了所给初始状态达不到所要求的目标状态。

图2-21给出了应用以上过程求解一个具体的九宫问题实例状态的描述,其中,图2-21的(a)~(l),分别对应了以上步1到步11的步骤过程结束时所达到的路径状态。

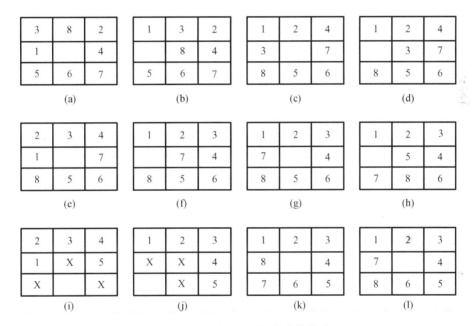

图2-21 九宫问题实例状态的描述

从图2-21可以看出,尽管这样得到的解的路径不一定是最佳的,但是按这样一种过程表示法所编写的计算机程序,恰恰具有非常高的求解效率。

2.6.2 过程表示法的特点

过程表示法针对问题的求解目标,遵循事物进展过程的规律求解,因而目标明确、易于实现、效率较高,但维护性有待提高。其应用特性如下:

1. 目标明确

过程表示法针对要求解问题的总目标,并把总目标划分为一个个确定过程目标的操作步骤,使得问题的求解始终瞄准总目标而进行,不会偏离方向。

2. 易于实现

过程表示法着重于表现事物变化动态过程的描述,针对问题的求解目标而设计操作步骤,符合事物发展变化规律,易于人们理解。同时,求解中将其控制性知识融入了系统过程,故控制系统可以按照过程来规划,便于程序的设计与实现,也便于保证过程操作中具有较好的可测试性,这对于系统的顺利实现也是有利的。

3. 效率较高

过程表示法使用过程表示知识,而过程就是程序。程序能够准确而清楚地表明过程先做什么、后做什么以及怎样做。用户可直接将启发信息和必要的控制性知识嵌入到过程中,避免那些不必要的路径选择与跟踪,使得问题的求解一步步逼近最终的目标,从而提高系统的运行效率。

4. 可维护性有待提高

过程表示法的不足之处是:系统一旦确定,则不易修改及添加新的情况。

2.7 面向对象表示法

2.7.1 面向对象基础

人们认识世界是以将世界划分为一些事和物为基础的,这里的物指物体,事指物体间的联系。面向对象表示法中的对象指物体,消息指物体间的联系,通过发送消息使对象间相互作用来求得所需的结果。

对象是由一组数据和与该组数据相关的操作构成的实体。例如,一个对象 me,会有一组表征自身的数据:

name: Li ming

age: 20

相应的操作为

birthday(岁数):每年实现 age +1

消息由(object, selector, arguments)表示。其中,object 是消息要发送的对象,selector 是要求该对象完成的操作,arguments 是 selector 可选的参数。

简单地说,面向对象作为一种大有前途的方法和现今被广泛采用的技术,其基本原则有 3 条:

(1) 一切事物都是对象;

(2) 任何系统都是由对象构成的,系统本身也是对象;

(3) 系统发展和进化的过程都是由系统的内部对象和外部对象之间(也包括内部对象与内部对象之间)的相互作用完成的。

从面向对象技术的实际应用情况来看,Smalltalk 语言是坚持这 3 条基本原则的典型代表。Smalltalk 语言是基于对知识的面向对象表示的。

面向对象方法和技术之所以会如此流行,主要是因为它非常符合人们认识和解决问题的习惯。首先,它是一种从一般到特殊的演绎方法,这与人们认识客观世界时常用的分类的思想非常吻合;其次,它也是一种从特殊到一般的归纳方法。由一大批相同或相似的对象抽象出新的类的过程,就是一个归纳过程。面向对象既提供了从一般到特殊的演绎手段,例如继承等;也提供了从特殊到一般的归纳方法,例如类等。因此它是一种很好的认知方法。

狭义的面向对象的软件开发包括 3 个主要阶段:面向对象分析(object-oriented analysis, OOA)、面向对象设计(object-oriented design,OOD)和面向对象程序设计(object-oriented programming,OOP)。其中,OOA 是指系统分析员对将要开发的系统进行定义和分析,进而得到各个对象类以及它们之间的关系的抽象描述;OOD 是指系统设计人员将面向对象分析的结果转化为适合程序设计语言的具体描述,它是进行面向对象程序设计的蓝图;OOP 则是程序设计人员利用程序设计语言,根据 OOD 得到的对象类的描述,生成对象实例,建立对象间的各种联系,最终建立实际可运行的系统。

在面向对象表示中类和类继承是重要的概念。类是面向对象的一个基本概念。类由一组变量和一组操作组成,它描述了一组具有相同属性和操作的对象。每个对象都属于某一类,每个对象都可由相关的类生成,类生成对象的过程就是例化。类封装了客观世界中的实体的主体和动作,即类的数据抽象和过程抽象两个方面。

类是对一组类似的对象的一般化的描述。同一个类中的对象继承类的属性和方法,对一组相似的类进行抽象可以得到这一组类的超类(superclass)。相应地,超类中的每一个类称子类(subclass)。超类和子类的定义隐含地表示了类层次(class hierarchy)的概念。在类层次结构中,超类的属性和方法可以由子类继承,子类中又可能加入新的属性和方法,而子类中从超类中继承而来的属性和方法,以及子类中新定义的属性和方法,都可以由这一子类的子类继承。

(1)客观世界是由各种对象(object)组成的。任何事物都是对象。复杂的对象可以由比较简单的对象以某种方式组合而成。因此,面向对象的软件系统是由对象组成的。软件中的任何元素都是对象,复杂的对象由比较简单的对象组合而成。

(2)把所有的对象都划分为各种类(class)。每个类都定义了一组数据和一组方法。数据用于表示对象的静态属性,描述对象的状态信息;方法是对象所能执行的操作,也就是类中所能提供的服务。

(3)按照子类(也被称为派生类)和父类(也被称为基类)的关系,把若干个类组成一个层次结构的系统。在这种类层次结构中,通常下层的派生类具有和上层的基类相同的特性,包括数据和方法。我们把这一特性称为继承(inheritance)。

(4)对象与对象之间只能通过消息通信(communication with messages)。

以上 4 个要点对面向对象方法最重要的概念进行了概括。面向对象方法可用一个公式概括为

$$面向对象 = 对象 + 类 + 继承 + 消息通信$$

2.7.2 面向对象表示的实例

1. 说明面向对象程序设计中实现封装性的例子

```
//日期类 CDate 的例子,定义日期字符串类型 String80
typedef char String80[80];
//定义日期类 CDate
class CDate
{
//类的实现
private:
    int year,month,day;
//类的接口
public:
    CDate(int month,int day,int year);
    CDate operator +(int days);
    void GetDateString(String80 &DateString);
//…
};
//部分成员函数的实现
void CDate::GetDateString(String80 &DateString)
{
    sprintf(DateString,"%d-%d-%d",month,day,year%100);
}
```

CDate 类中数据成员 year、month 和 day 是类的实现部分,构造函数和重载的加法运算符构成了类的对外接口。类的接口中构造函数可以用初始参数构造一日期型对象,重载的加法运算可以使得类的用户计算并返回增加或减少一个整数天之后或之前的一个新的日期型对象。

2. 说明面向对象程序设计中实现继承性的例子

以 CDate 类为例,假设 CDate 类中的 GetDateString 成员函数以美国日期格式"MM-DD-YY"返回日期字符串,现在如果要求以欧洲日期格式"DD-MM-YY"返回日期字符串,该如何做呢？如果已经有 CDate 类的源代码,则可以复制整个类的源代码,然后修改 GetDate String 成员函数,使之能够返回欧洲日期格式的日期字符串,更好的办法是通过继承。

```
//定义日期字符串类型 String80
typedef char String80[80];
//定义日期类 CDate
class CDate
//year,month,day 改成了 protected 类型
```

```
    protected:
        int year, month, day;
    public:
        Cdate(int montht int day, int year);
        CDate operator + (int days);
        void GetDateString(String80 &DateString);
    //…
};

//部分成员函数的实现
void CDate::GetDateString(String80 &DateString)
{
    sprintf(DateString,"%d-%d-%d",month,day,year%100);
}
//CEuropeDate 类是从 CDate 类派生得到的
class CEuropeDate:public CDate
{
public:
    //重载基类的成员函数
        void GetDateString(String80 &DateString);
    //…
};
//部分成员函数的实现
void CEuropeDate::GetDateString(String80 &DateString)
{
    sprintf(DateString,"%d-%d-%d",day,month,year%100);
}
```

类 CEuropeDate 与类 CDate 非常类似,只是继承下来的 GetDateString()函数被重载并返回欧洲格式的日期字符串。

3. 说明面向对象程序设计中实现多态性的例子

```
//以类 CDate 和类 CEuropeDate 类为例予以说明,定义日期字符串类型 String80
typedef char String80[80];
//定义日期类 CDate
class CDate
{ protected:
    int  year, month, day;
public:
    CDate(int month, int day, int year);
    CDate operator + (int days);
```

```
    void GetDateString(String80 &DateString);
    void DisplayDateString(void); //这里重点考察这一成员函数
    //…
};
//部分成员函数的实现
void CDate::GetDateString(String80 &DateString)
{   sprintf(DateString,"%d_%d_%d",month,day,year%100);}
 void   CDate::DisplayDateString(void)
    { String80 DateString;
    GetDateString(DateString);
    cout<<"日期是"<<DateString<<endl;
}
//CEuropeDate 类是从 CDate 类派生得到的
class CEuropeDate:public CDate
{ public:
//重载基类的成员函数
    void GetDateString(String80 &DateString);
    CEuropeDate(int day,int month,int year):
    CDate(int month,int day,int year){};
//增加新的成员函数
//…
};
//部分成员函数的实现
void   CEuropeDate::GetDateString(String80  &DateString)
{   sprintf(DateString,"%d-%d-%d",day,month,year%100);}
//main 函数
void main(void)
{    String80 DateString;
    CDate USDate(5,26,2001);
    CEuropeDate EUDate(6,5,2001);
    //以美国日期格式显示
    USDate.DisplayDateString();
    //期望以欧洲日期格式显示但结果仍是以美国日期格式显示
    EUDate.DisplayDateString();
//…
}//main
```

为什么 USDate.DisplayDateString() 能以期望的方式(美国日期格式)显示,而 EUDate.DisplayDateString() 则不能以期望的方式(欧洲日期格式)显示? 这是因为编译器在生成 CDate.DisplayDateString() 的代码时,它编译的是直接调用 CDate.GetDateString() 函数,当调用 CEuropeDate.DisplayDateString() 函数时确实是调用继承的 CDate.DisplayDateSting() 函数,但

是 CDate.DisplayDateString( )函数调用的却是基类的 CDate.GetDateString( )函数,而不是派生类重载的 CEuropeDate.GetDateString( )函数,因此上面两次调用的结果都是以美国日期格式进行显示。

如何使得继承来的函数 CEuropeDate.DisplayDateString( )能够正确地调用 CEurope – Date.GetDateString( )函数呢?

一种方法是在派生类中重载 DisplayDateString( )函数,在重载函数中明确地调用 CEuropeDate.GetDateString( )函数,如

```
void    CEuropeDate::DisplayDateString(void)
{
    String80 DateString;
    GetDateString(DateString);
    cout << "日期是" << DateString << endl;
}
```

这样做显然可以解决错误调用函数的问题,但是这样做可能需要复制很多代码。如果不能得到基类函数的源代码时,要实现这一重载函数可能会非常困难,甚至是不可能做到的。正确的方法是在基类中把 GetDateString( )函数定义成虚拟函数,具体做法是在类 CDate 和类 CEuropeDate 的定义中在 GetDateString( )函数的前面加一个关键字 virtual,这样 GetDateString( )函数就被说明成一个虚拟函数,从而可以真正解决错调函数这一问题。

2.7.3 面向对象表示的技术特征

概括起来,面向对象的知识表示技术具有如下特征:独立封装、求解效率;继承与扩展;多态性;易扩充性;易维护性。

第3章 搜索策略

3.1 相关概念

3.1.1 搜索的概念

搜索(search),即寻找,亦即设法在庞大的状态空间图中找到目标。也可以把搜索看作是一种推理,它是人工智能问题求解的基本方法之一。搜索主要分为两类:基本搜索和智能搜索。其中,基本搜索是一种没有任何经验和知识起作用的、由某种规则所确定的非智能性的搜索;启发式搜索(heuristic search)的特点在于其是一种有准备的、追求效率而有的放矢的智能搜索,它要求依据某种知识及信息的指导,通过逐一状态比较而找到符合规定条件的目标状态解。

3.1.2 问题求解的信息环境

针对问题求解的信息环境,可把问题世界的全部信息空间划分为3类:

1. 全信息环境

与问题的解有关的全部信息所有求解者都已经了解,其搜索的目标和任务是:运用知识和经验,设法找到最佳路径,以便取得理想搜索效果。例如,在国际象棋博弈中,选择最优算法来克敌制胜。

2. 部分已知信息环境

即只有部分信息已知,而并不了解全部信息。这时,搜索的目标和任务是:充分利用已知信息,把未知信息的不利影响设法降到最低程度,尽可能按照最佳搜索路径取得理想搜索效果;或者设法弥补信息损失,发挥已知信息作用,扬长避短,制定策略来克敌制胜。例如,在海陆空战棋或军棋游戏中,要运用知识和经验猜测对方的军事布局,一方面要用手榴弹对付比我方师长还要厉害的指挥官,另一方面要设法用最小的代价摧毁对方的强大火力,以便开辟夺取对方军旗的坦途。

3. 未知信息环境

对于未知信息环境的问题求解,首先要设法变未知信息环境为部分已知信息环境。例如,为了探测海洋、极地、外星球的奥秘,就需要实地探险或发射相应的探测器,以便取得必要的信息与知识;当进入陌生的地带作战时,需要派出侦察小分队了解地形地貌和侦察敌人火力部署,或用侦察卫星探测敌情等。

3.2 状态图搜索

搜索是在状态图中寻找目标或路径的基本方法,是从初始节点出发,沿着与之相连的边试探地前进,寻找目标节点的过程(也可以反向进行)。那么,找到目标节点后,路径也就找到了。可以想象,由于图中有许多节点和边,搜索过程中经过的节点和边,按原图的连接关系,便会构成一个树型的有向图。这种树型有向图被称为搜索树。随着搜索的进行,搜索树会不断地生长,直到搜索树中出现目标节点时,搜索便停止。这时从搜索树中就可以很容易地找出从初始节点到目标节点的路径来。因此,在搜索过程中应当随时记录搜索轨迹。

上面仅是对搜索的通俗描述,现在我们考虑如何用计算机来实现上述搜索。

1. 搜索方式

用计算机来实现状态图的搜索,有两种最基本的方式:树式搜索和线式搜索。

所谓树式搜索,形象地讲就是以"画树"的方式进行搜索。即从树根(初始节点)出发,一笔一笔地描出一棵树来。准确地讲,树式搜索就是在搜索过程中记录所经过的所有节点和边。因此,树式搜索所记录的轨迹始终是一棵"树",这棵树也就是搜索过程中所产生的搜索树。

所谓线式搜索,形象地讲就是以"画线"的方式进行搜索。准确地讲,线式搜索在搜索过程中只记录那些当前认为处在所找路径上的节点和边。因此,线式搜索所记录的轨迹始终是一条"线"(折线)。

线式搜索的基本方式又可分为不回溯的和可回溯的两种。不回溯的线式搜索就是每到一个"岔路口"仅沿一条路继续前进,即对每一个节点始终都仅生成一个子节点(如果有子节点的话)。生成一个节点的子节点也称对该节点进行扩展。这样,如果扩展到某一个节一点,该节点恰好就是目标节点,则搜索成功;如果直到不能再扩展时,还未找到目标节点,则搜索失败。可回溯的线式搜索也是对每一个节点都仅扩展一条边,但当不能再扩展时,则退回上一个节点,然后再扩展另一条边(如果有的话)。这样,要么最终找到了目标节点,搜索成功;要么一直回溯到初始节点也未找到目标节点,则搜索失败。

由上述内容可以看出,树式搜索成功后,还需再从搜索树中找出所求路径,而线式搜索只要搜索成功,则"搜索线"就是所找的路径,即问题的解。

那么,又怎样从搜索树中找出所求路径呢? 这只需在扩展节点时记住节点间的父子关系即可。这样,当搜索成功时,从目标节点反向沿搜索树按所作标记追溯回去一直到初始节点,便得到一条从初始节点到目标节点的路径,即问题的一个解。

2. 搜索策略

由于搜索具有探索性,所以要提高搜索效率(尽快地找到目标节点)或要找最佳路径(最佳解)就必须注意搜索策略。状态图搜索策略大体可分为盲目搜索和启发式(heuristic)搜索两大类。

通俗地讲,盲目搜索就是无"向导"的搜索,启发式搜索就是有"向导"的搜索。树式盲目搜索就是穷举式搜索,即从初始节点出发,沿连接边逐一考察各个节点(看是否为目标节点),或者反向进行;而对于线式盲目搜索,不回溯的就是随机碰撞式搜索,回溯的则也是穷举式的搜索。

启发式搜索则是利用启发性信息引导的搜索。所谓"启发性信息"就是与问题有关的有利于尽快找到问题解的信息或知识。例如"欲速则不达。""知己知彼,百战不殆。""学如逆水行舟,不进则退。"等格言,就是指导人们行为的启发性信息。常识告诉我们,如果有向导引路,就能少走弯路而事半功倍。因此,启发式搜索往往会提高搜索效率,而且可能找到问题的最优解。

根据启发性信息的内容和使用方式的不同,启发式搜索又可分为全局择优搜索、局部择优搜索、最佳图搜索等。

按搜索范围的扩展顺序的不同,搜索又可分为广度优先和深度优先两种类型。对于树式搜索,既可深度优先进行,也可广度优先进行。对于线式搜索则总是深度优先进行。

3. 搜索算法

因为搜索的目的是为了寻找初始节点到目标节点的路径,所以在搜索过程中就得随时记录搜索轨迹。为此,我们用一个被称为 CLOSED 表的动态数据结构来专门记录考查过的节点。显然,对于树式搜索来说,CLOSED 表中存储的正是一棵不断成长的搜索树;而对于线式搜索来说,CLOSED 表中存储的是一条不断伸长的折线,它可能本身就是所求的路径(如果能找到目标节点的话)。

另一方面,对于树式搜索来说,还得不断地把待考查的节点组织在一起,并做某种排列,以便控制搜索的方向和顺序。为此,我们采用一个被称为 OPEN 表的动态数据结构,来专门登记当前待考查的节点。

下面我们分别给出树式搜索和线式搜索的一般算法。

(1)树式搜索算法

步1　把初始节点 S_0 放入 OPEN 表中。

步2　若 OPEN 表为空,则搜索失败,退出。

步3　移出 OPEN 表中第一个节点 N 放入 CLOSED 表中,并冠以顺序编号 n。

步4　若目标节点 $S_g = N$,则搜索成功,结束。

步5　若 N 不可扩展,则转步2。

步6　扩展 N,生成一组子节点,对这组子节点做如下处理:

①删除 N 的先辈节点(如果有的话)。

②对已存在于 OPEN 表的节点(如果有的话)也将其删除,但删除之前要比较其返回初始节点的新路径与原路径,如果新路径"短",则修改这些节点在 OPEN 表中的原返回指针,使其沿新路径返回。

③对已存在于 CLOSED 表的节点(如果有的话),做与②同样的处理,并且再将其移出 CLOSED 表,放入 OPEN 表重新扩展(为了重新计算代价)。

④对其余子节点配上指向 N 的返回指针后放入 OPEN 表中某处,或对 OPEN 表进行重新排序,转步2。

说明:

①这里的返回指针即父节点在 CLOSED 表中的编号。

②步6中修改返回指针的原因是:因为这些节点又被第二次生成,所以它们返回初始节点的路径已有两条,但这两条路径的"长度"可能不同。那么,当新路径短时自然要走新路径。

③这里的路径的长短是按路径上的节点数来衡量的,后面我们将会看到路径的长短也可以其"代价"(如距离、费用、时间等)衡量。若按其代价衡量,则在需要修改返回指针的同时还要修改相应的代价值,或者不修改返回指针也要修改代价值(为了实现代价小者优先扩展)。

(2)线式搜索算法

①不回溯的线式搜索算法

步1 把初始节点 S_0 放入 CLOSED 表中。

步2 令 $N = S_0$。

步3 若 N 是目标节点,则搜索成功,结束。

步4 若 N 不可扩展,则搜索失败,退出。

步5 扩展 N,选取其一个未在 CLOSED 表中出现过的子节点 N_1,放入 CLOSED 表中,令 $N = N_1$,转步3。

②可回溯的线式搜索算法

步1 把初始节点 S_0 放入 CLOSED 表中。

步2 令 $N = S_0$。

步3 若 N 是目标节点,则搜索成功,结束。

步4 若 N 不可扩展,则移出 CLOSED 表的末端节点 N_e,若 $N_e = S_0$,则搜索失败,退出。否则,以 CLOSED 表新的末端节点 N_e 作为 N,即令 $N = N_e$,转步4。

步5 扩展 N,选取其一个未在 CLOSED 表中出现过的子节点 N_1,放入 CLOSED 表中,令 $N = N_1$,转步3。

需说明的是,上述算法仅是搜索目标节点的算法,当搜索成功后,如果需要路径,则还需要由 CLOSED 表再找出路径。找路径的方法:对于树式搜索,从 CLOSED 表中序号最大的节点起,根据返回指针追溯至初始节点 S_0,所得的节点序列或边序列即为所找路径;对于线式搜索,CLOSED 表即是所找路径。

3.2.1 穷举搜索

为了简单起见,下面以树型结构的状态图搜索为例进行说明。按搜索树生成方式的不同,树式穷举搜索又分为广度优先和深度优先两种搜索策略。这两种搜索策略也是最基本的树式搜索策略,其他搜索策略都是建立在它们之上的。下面先介绍广度优先搜索。

1. 广度优先搜索

广度优先搜索始终先在同一级节点中考查,只有当同一级节点考查完毕之后才考查下一级节点。或者说,其是以初始节点为根节点,向下逐级扩展搜索树。所以,这种搜索策略的搜索树是自顶向下一层一层逐渐生成的。

若用广度优先搜索策略来解八数码难题,则分析如下:

把一个与空格相邻的数码移入空格,等价于把空格向数码方向移动一位。所以,该题中给出的数码走步规则也可以简化为:对空格可施行左移、右移、上移和下移等 4 种操作。

设初始节点 S_0 和目标节点 S_g 分别如图 3-1 的初始棋局和目标棋局所示,采用广度优先搜索策略,则可得到如图 3-2 所示的搜索树。

图 3-1　八数码难题示例

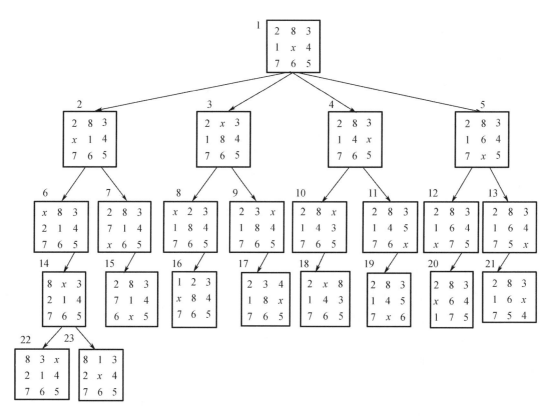

图 3-2　八数码难题广度优先搜索

广度优先搜索算法:

步 1　把初始节点 S_0 放入 OPEN 表中。

步 2　若 OPEN 表为空,则搜索失败,退出。

步 3　取 OPEN 表中前面第一个节点 N 放在 CLOSED 表中,并冠以顺序编号 n。

步 4　若目标节点 $S_g = N$,则搜索成功,结束。

步5 若 N 不可扩展,则转步 2。

步6 扩展 N,将其所有子节点配上指向 N 的指针依次放入 OPEN 表尾部,转步 2。

其中,OPEN 表是一个队列,CLOSED 表是一个顺序表,表中各节点按顺序编号,正被考察的节点在表中编号最大。如果问题有解,OPEN 表中必出现目标节点 S_g。那么,当搜索到目标节点 S_g 时,算法结束,然后根据返回指针在 CLOSED 表中往回追溯,直至初始节点,所得的路径即为问题的解。

广度优先搜索也称宽度优先搜索或横向搜索。这种策略是完备的,即如果问题的解存在,用它则一定能找到解,且解必是最优解(即最短的路径)。这是广度优先搜索的优点,不过其缺点是搜索效率低。

2. 深度优先搜索

深度优先搜索在搜索树的每一层始终只扩展一个子节点,不断地向纵深前进,直到不能再前进(到达叶子节点或受到深度限制)时,才从当前节点返回到上一级节点,沿另一方向又继续前进。这种搜索策略的搜索树是从树根开始一枝一枝逐渐形成的。

深度优先搜索算法:

步1 把初始节点 S_0 放入 OPEN 表中。

步2 若 OPEN 表为空,则搜索失败,退出。

步3 取 OPEN 表中前面第一个节点 N 放入 CLOSED 表中,并冠以顺序编号 n。

步4 若目标节点 $S_g = N$,则搜索成功,结束。

步5 若 N 不可扩展,则转步 2。

步6 扩展 N,将其所有子节点配上指向 N 的返回指针依次放入 OPEN 表的首部,转步 2。

可以看出,这里的 OPEN 表为一个堆栈。

同样以八数码难题为例,若采用深度优先搜索策略,可得如图 3-3 所示的搜索树。

深度优先搜索也称纵向搜索。一个有解的问题树可能含有无穷分枝,深度优先搜索如果误入无穷分枝(即深度无限),则不可能找到目标节点。所以,深度优先搜索策略不是完备的。另外,应用此搜索策略得到的解不一定是最佳解(最短路径)。

广度优先搜索和深度优先搜索是两种最基本的穷举搜索方法,在此基础上,若需再加上一定的限制条件,便可派生出许多特殊的搜索方法,例如有界深度优先搜索。

3. 有界深度优先搜索

有界深度优先搜索给出了搜索树深度限制,当从初始节点出发沿某一分枝扩展到达限定深度时,就不能再继续向下扩展,而只能改变方向继续搜索。节点 N 的深度(即其位于搜索树的层数)通常用 $d(N)$ 表示,则有界深度优先搜索算法如下:

步1 把 S_0 放入 OPEN 表中,置 S_0 的深度 $d(S_0) = 0$。

步2 若 OPEN 表为空,则失败,退出。

步3 取 OPEN 表中前面第一个节点 N,放入 CLOSED 表中,并顺序编号为 n。

步4 若目标节点 $S_g = N$,则成功,结束。

步5 若 N 的深度 $d(N) = d_m$(深度限制值),或者 N 无子节点,则转步 2。

步6 扩展 N,将其所有子节点 N_i 配上指向 N 的返回指针后依次放入 OPEN 表中前部,置 $d(N_i) = d(N) + 1$,转步 2。

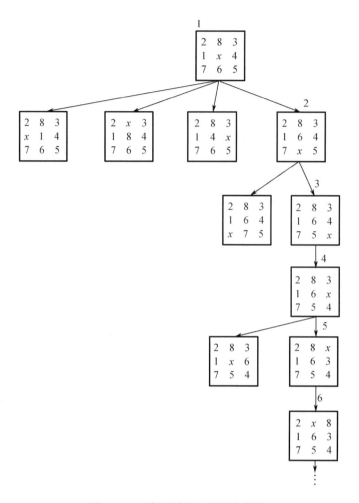

图 3-3　八数码难题深度优先搜索

3.2.2　启发式搜索

1. 问题的提出

前面讲的穷举搜索,从理论上讲,似乎可以解决任何状态空间的搜索问题,但实践表明,穷举搜索只能解决一些状态空间很小的简单问题,而对于那些大状态空间问题,穷举搜索就不能胜任了。这是因为,大空间问题往往会导致"组合爆炸"。例如梵塔问题,当阶数较小(如小于6)时,在计算机上求解并不难,但当阶数再增加时,其时空要求将会急剧地增加。例如,当取阶数 64 时,则其状态空间中就有 $3^{64} \approx 3.43 \times 10^{30}$ 个节点,最短的路径长度(节点数)为 $2^{64}-1 \approx 2 \times 10^{19}$。又如博弈问题,计算机为了取胜,它可以将所有算法都试一下,然后选择最佳走步。找到这样的算法并不难,但计算时的时空消耗却大得惊人。例如,就可能有的棋局数讲,一字棋是 $9! \approx 3.6 \times 10^5$,西洋棋是 10^{78},国际象棋是 10^{120},围棋是 10^{761}。假设每步可以选择一种棋局,用极限并行速度(10^{-104}秒/步)计算,国际象棋的算法也需要 10^{16}年,即 1 亿亿年才可以算完。

上述困难迫使人们不得不寻找更有效的搜索方法，于是提出了启发式搜索策略。

2. 启发性信息

启发式搜索是利用启发性信息进行制导的搜索。启发性信息就是有利于尽快找到问题之解的信息。按其用途划分，启发性信息一般可分为以下 3 类：

(1) 用于扩展节点的选择，即用于决定应先扩展哪一个节点，以免盲目扩展。

(2) 用于生成节点的选择，即用于决定应生成哪些后续节点，以免盲目地生成过多无用节点。

(3) 用于删除节点的选择，即用于决定应删除哪些无用节点，以免造成进一步的时空浪费。

例如，由八数码难题的部分状态空间图可以看出，从初始节点开始，在通向目标节点的路径上，各节点的数码格局同目标节点相比较，其数码不同的位置个数在逐渐减少，最后为零。所以，这个数码不同的位置个数便是标志一个节点到目标节点距离远近的一个启发性信息，利用这个信息就可以指导搜索。可以看出，这种启发性信息属于第一类。

需要指出的是，不存在能适合所有问题的万能启发性信息，或者说，不同的问题有不同的启发性信息。

3. 启发函数

在启发式搜索中，通常用启发函数来表示启发性信息。启发函数是用来估计搜索树上节点 x 与目标节点 S_g 接近程度的一种函数，通常记为 $h(x)$。

如何定义一个启发函数呢？启发函数并无固定的模式，需要具体问题具体分析。通常可以参考的思路有：一个节点到目标节点的某种距离或差异的度量，一个节点处在最佳路径上的概率，或者根据经验的主观打分，等等。例如，对于八数码难题，用 $h(x)$ 就可以表示节点 x 的数码格局同目标节点相比，数码不同的位置个数。

4. 启发式搜索算法

启发式搜索要用启发函数来导航，其搜索算法就要在状态空间图一般搜索算法的基础上再增加启发函数值的计算与传播过程，并且由启发函数值来确定节点的扩展顺序。为了简单起见，下面以树型图的树式搜索为例，给出启发式搜索的两种策略。

(1) 全局择优搜索

全局择优搜索是利用启发函数制导的一种启发式搜索方法。该方法也被称为最好优先搜索法，它的基本思想是：在 OPEN 表中保留所有已生成而未考察的节点，并用启发函数 $h(x)$ 对它们全部进行估价，从中选出最优节点进行扩展，而不管这个节点出现在搜索树的什么地方。

全局择优搜索算法如下：

步 1　把初始节点 S_0 放入 OPEN 表中，计算 $h(S_0)$。

步 2　若 OPEN 表为空，则搜索失败，退出。

步 3　移出 OPEN 表中第一个节点 N 放入 CLOSED 表中，并冠以序号 n。

步 4　若目标节点是 $S_g = N$，则搜索成功，结束。

步 5　若 N 不可扩展，则转步 2。

步6 扩展 N,计算每个子节点 x 的函数值 $h(x)$,并将所有子节点配以指向 N 的返回指针后放入 OPEN 表中,再对 OPEN 表中的所有子节点按其函数值大小以升序排序,转步2。

若以全局择优搜索来解八数码难题,则可设启发函数 $h(x)$ 为节点 x 的格局与目标格局相比数码不同的位置个数。那么所得的启发搜索树如图3-4所示,图中节点旁的数字就是该节点的估价值。由图3-4可知,此题的解为:S_0, S_1, S_2, S_3, S_g。

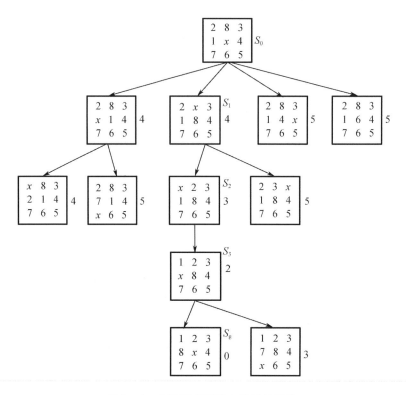

图3-4 八数码难题的全局择优搜索

(2)局部择优搜索

局部择优搜索与全局择优搜索的区别是扩展节点 N 后仅对 N 的子节点按启发函数值大小以升序排序,再将它们依次放入 OPEN 表的首部。算法从略。

3.2.3 A 和 A* 搜索

前面我们介绍了状态图搜索的一般算法,并着重讨论了树型图的各种搜索策略。接下来介绍状态图搜索的两种典型的启发式搜索算法。

1. 估价函数

利用启发函数 $h(x)$ 制导的启发式搜索,实际上是一种深度优先的搜索策略。虽然它是很高效的,但也可能误入歧途。所以,为了更稳妥一些,人们把启发函数扩充为估价函数。估价函数的一般形式为

$$f(x) = g(x) + h(x)$$

其中,$g(x)$为从初始节点S_0到节点x已经付出的代价,$h(x)$是启发函数。即估价函数$f(x)$是从初始节点S_0到达节点x处已付出的代价与节点x到达目标节点S_g的接近程度估计值之总和。

有时估价函数还可以表示为
$$f(x) = d(x) + h(x)$$
其中,$d(x)$表示节点x的深度。

可以看出,$f(x)$中的$g(x)$或$d(x)$有利于搜索的横向发展(因为$g(x)$或$d(x)$越小,则说明节点x越靠近初始节点S_0),因而可提高搜索的完备性,但影响搜索效率;$f(x)$中的$h(x)$则有利于搜索的纵向发展(因为$h(x)$越小,则说明节点x越接近目标节点S_g),因而可提高搜索的效率,但影响完备性。所以,$f(x)$恰好是二者的一个折中。但在确定$f(x)$时,要权衡利弊,使$g(x)$(或$d(x)$)与$h(x)$的比重适当。这样,才能取得理想的效果。例如,如果只关心到达目标节点的路径,并希望有较高的搜索效率,则$g(x)$可以忽略。当然,这样会影响搜索的完备性。

如果把$h(x)$取为节点x到目标节点S_g的估计代价,则$f(x)$就是节点x处的已知代价与未知估计代价之和。这时基于$f(x)$的搜索就是最小代价搜索。

2. A 算法

A 算法是基于估价函数$f(x)$的一种加权状态图启发式搜索算法。其具体步骤如下:

步1　把附有$f(S_0)$的初始节点S_0放入 OPEN 表。

步2　若 OPEN 表为空,则搜索失败,退出。

步3　移出 OPEN 表中第一个节点N放入 CLOSED 表中,并冠以顺序编号n。

步4　若目标节点$S_g = N$,则搜索成功,结束。

步5　若N不可扩展,则转步2。

步6　扩展N,生成一组附有$f(x)$的子节点,对这组子节点做如下处理:

(1)考察是否有已在 OPEN 表或 CLOSED 表中存在的节点。若有则再考察其中有无N的先辈节点,若有则删除之;对于其余节点,也删除之,但由于它们又被第二次生成,因而需考虑是否修改已经存在于 OPEN 表或 CLOSED 表中的这些节点及其后裔的返回指针和$f(x)$值,修改原则是"找$f(x)$值小的路走"。

(2)对其余子节点配上指向N的返回指针后放入 OPEN 表中,并对 OPEN 表按$f(x)$值以升序排序,转步2。

算法中节点x的估价函数$f(x)$的计算方法为
$$f(x) = g(x) + h(x)$$
至于$h(x)$的计算公式则需根据具体问题而定。

可以看出,A 算法其实就是对于状态图搜索一般算法中的树式搜索算法再增加了估价函数$f(x)$的一种启发式搜索算法。

3. A* 算法

如果对上述 A 算法再限制其估价函数中的启发函数$h(x)$满足:对所有的节点均有$h(x) \leq h^*(x)$,其中,$h^*(x)$是从节点x到目标节点的最小代价(若有多个目标节点则为其中最小的一个),则称它为 A* 算法。

A*算法中,限制 $h(x) \leq h^*(x)$ 的原因是为了保证取得最优解。理论分析证明,如果问题存在最优解,则这样的限制就可保证能找到最优解,虽然这个限制可能产生无用搜索。实际上,不难想象,当某一节点 x 的 $h(x) > h^*(x)$,则该节点就可能失去优先扩展的机会,因而得不到最优解。

A*算法也被称为最佳图搜索算法。它是由著名的人工智能学者 Nilsson 提出的。关于 A*算法还有一些更深入的讨论,由篇幅所限,这里不再介绍。

3.3 与/或树搜索

3.3.1 与/或树基础

与/或树(and/or trees)是树的图形表达的一种推广,是与/或图的一种特例。问题的状态可以借用树及其根、枝、叶等名称来表示。此外,也可按照祖先及其后代诸如子、孙等层次或辈分关系来定义。其中,根节点是唯一的,辈分最高;叶是端节点,辈分最低;枝、干及其分支介于根与叶之间。

把一个难于直接求解的复杂问题分解为若干个比较简单的子问题,各个子问题的全部解决等价为该问题的解决;而对于困难的子问题的求解,同样依照这种方法进行处理。这样就形成了一种与结构的关系树,称之为与树,并把相关节点及其边用一弧线连接,称之为与关系表示,如图 3-5 所示的 S_{22} 节点及其子节点所形成的分枝树的结构关系。

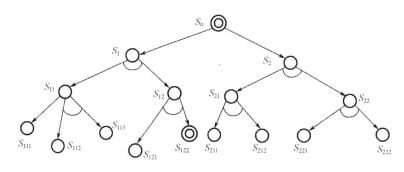

图 3-5

使用类似的思想方法,我们可以引出或树的概念。也就是说,把一个难于直接求解的问题分解为若干个与之等价而又更简单的子问题,每个子问题的解决等价为该问题的解决,就形成了一种或结构的关系树,称之为或树。或关系树的表达可以不必特别加以标志。

如果问题状态空间既有或结构又有与结构,就得到了与/或混合树,简称与/或树,如图 3-5 所示。若把前面所研究的搜索策略再应用于与/或树,自然也就形成了与/或树全部的搜索策略。

与/或搜索树及其解树的关系如下:

(1) 与/或搜索树和解树

对根节点搜索求解的过程所形成的部分与/或树,被称为与/或搜索树。能导致根节点可解的那些解节点及全部有关枝组成的一棵 与/或树的子树,被称为该树的解树。一棵与/或树的解树可以有存在、不存在或存在多个等情形,而与/或树节点又分为可解节点和不可解节点两类。

(2) 与/或搜索树及解树的标记过程

为了求解与/或树问题,必须对与/或树进行解树的搜索与寻找,通常采用对与/或树和节点边搜索边标注的方法。在标注过程中,可以约定:可解节点用"●"表示,不可解节点用"○"或在"○"中加"×"来表示。其中,可解的端节点又称终止节点,可加标注 t 来表示。这样,逐个节点分析标记,直到最后达到标记根节点的可解性的目的。

显而易见,与/或树上的一个节点是否为可解节点是由它的子节点确定的。其规则为:

①对于一个"与"节点,只有当其子节点全部为可解节点时,它才为可解节点;如果子节点中有任何一个节点为不可解节点,它就是不可解节点。

②对于一个"或"节点,只要子节点中有一个为可解节点,它就是可解节点;只有全部子节点都是不可解节点时,此"或"节点才是不可解节点。

这种由可解的子节点来确定父节点、祖节点等为可解节点的回溯向上过程被称为可解标记过程;而由不可解的子节点来确定其父节点、祖父节点等为不可解节点的回溯向上过程称为不可解标记过程。可解标记过程和不可解标记过程都是有序地自下而上来进行的,即由子节点的可解性来确定父节点的可解性。

一般来说,在与/或树的搜索中,可以反复使用可解标记和不可解标记这两个过程,直到初始节点(即原始问题 P)被确定为可解的或不可解的时候为止。与/或树及解树的标记方法及示例如图 3-6 所示。如果根节点可解,则称该树 T 对应的问题 P 有解,如图 3-6(a)所示;否则称 P 无解,如图 3-6(b)所示。

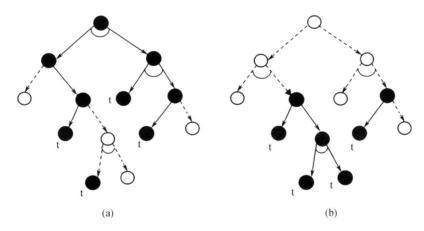

图 3-6 与/或树及解树的标注

(a)根节点可解;(b)根节点不可解

3.3.2 代价计算

1. 代价树及其表示

给与/或树的每一搜索路径及节点标注上所需耗费的代价值,就形成了与/或树的代价树。这样,对每一节点的求解所需耗费的代价就可用求解该节点所要耗费的代价来加以评价或估计了。具体约定如下:

(1)通常可解的端节点 x 的代价值为 0,可表示为 $h(x)=0$;
(2)可解节点 n 的代价 $h(n)$ 为有限值,对可解节点 n 的代价需要具体加以计算;
(3)不可解节点 x 的代价为无穷大或无定义,可表示为 $h(x)=\infty$ 或无意义;
(4)如果节点 x 不可扩展,且不是终止节点,则定义 $h(x)=\infty$。

求解的目标是找出根节点可解的最小代价树及其代价值。

2. 代价计算策略

设 $C(x,y)$ 表示节点 x 到节点 y 的代价,具体代价的计算方法如下:

(1)若 x 是或节点,$y_1,y_2,\cdots,y_n$ 是它的子节点,则 x 节点的代价计算式为

$$h(x) = \min\{C(x,y_i) + h(y_i)\} \quad (1 \leq i \leq n)$$

(2)若 x 是与节点,通常按照和代价计算:

$$h(x) = \sum \{C(x,y_i) + h(y_i)\}$$

其中,i 由 1 累加到 n。

(3)特殊情况下,可选择与节点的最大代价法计算

$$h(x) = \max\{C(x,y_i) + h(y_i)\} \quad (1 \leq i \leq n)$$

具体问题可依照其性质取其中一种计算方法。求解根节点的代价可依照选择的解树,从端节点指向根节点,逐级计算,按照各部分代价累加得到根节点的代价值。

图 3-7 所示为一棵与/或树,它分别由左、右两棵解树以及 A~G,H,K~L 等各种节点组成,各节点的代价按照上述定义已有约定,每条边的代价值已在图中标注出来,图中没有标注代价的边其值为 1。请分别按照或树的最小代价法、与节点的和代价法及最大代价法计算它们各自的代价值。

各个节点及解树的代价计算应该自下而上有序地进行。代价的计算过程如表 3-1 所示。

表 3-1 节点及解树的代价计算过程

	节点	N	M	H	G	D	C	A	S_0
左解树	和代价	0	0	4	0	11	∞	14	16
	最大代价	0	0	3	0	6	∞	9	11
	节点	L	K	F	E	B	S_0		
右解树	和代价	∞	0	5	0	8	11		
	最大代价	∞	0	5	0	7	10		

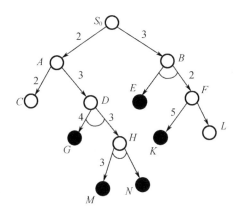

图 3-7 与/或树解树及节点代价的计算

3.3.3 有序搜索

1. 与/或树的有序搜索思想

与/或树的有序搜索,即采用启发式搜索策略求出能够使得根节点可解的最小搜索树的解树。

一般来说,全局择优搜索与局部择优搜索仅适用于状态空间是代价树的搜索求解,而有序搜索与 A* 算法既适用于代价树的搜索求解,又适用于有向图的搜索求解。对于代价树问题,搜索是自上而下进行的,即先有父节点,后有子节点。但是,无论是用和代价法还是最大代价法,代价的计算都要求自下而上逐层推算。

解决的办法只能根据问题本身提供的启发性信息。例如,采用代价计算法来定义一个启发函数,由此启发函数估算任一节点 x 的代价 $h(x)$。这样,当要计算任一节点 x 的代价 $h(x)$ 时,就可以先计算其子节点 y_i 的代价 $h(y_i)$,再由子节点 y_i 的代价 $h(y_i)$ 计算节点 x 的代价 $h(x)$。由此类推,节点 x 的父节点、祖父节点以及直到初始节点 S_0 的各先辈节点的启发函数实质上就是计算它们的代价 h,都是自下而上地逐层推算出来的。

有序搜索的目的是求出最优解树,即最小代价的解树。这就要求搜索过程中任一时刻求出的部分解树的代价都应是最小的。为此,每次选择欲扩展的节点时,都应挑选有希望成为最优解树的那一部分的节点来进行扩展。因此,有人又把这些节点及其先辈节点(包括初始节点 S_0)所构成的与/或树称为希望树。搜索的过程实际上就是寻找、发现、扩展希望树的过程。显而易见,在搜索过程中,随着新节点的不断生成,那些中间节点的代价估计值会不断地发生变化。也就是说,希望树的代价实际上也处在不断地调整变化中,直到最后代价树完全生成,希望树的代价就趋于与最优解树的代价完全一致了。

2. 与/或树的有序搜索流程

与/或树的有序搜索流程如下:
(1)把初始节点 S_0 放入 OPEN 表中。
(2)根据 S_0 选择希望树 T,根据当前所确定的搜索树,用 $h(x)$ 计算节点 x 在希望树 T 中的代价或估计其可解性的分布。

(3) 依次把 OPEN 表中树 T 的端节点 n 选出放入 CLOSED 表中。

(4) 如果节点 n 是终止节点,则做如下工作:标记 n 为可解节点;应对 T 用可解标记过程,把 n 的先辈节点中的可解节点都标记为可解节点;若初始节点 S_0 能被标记为可解节点,表明 T 就是最优解树,搜索完成,则成功退出,否则从 OPEN 表中删去具有可解先辈的所有节点。

(5) 如果节点 n 不是终止节点,而且它不能扩展:则标记 n 为不可解节点;应对 T 用不可解标记过程,把 n 的先辈节点中的不可解节点都标记为不可解节点;若初始节点 S_0 也被标记为不可解节点,则失败退出,否则从 OPEN 表中删去具有不可解的所有先辈节点。

(6) 如果节点 n 不是终止节点,并且可以扩展,则扩展节点 n,产生 n 的所有子节点。

3.4 博弈对策

诸如下棋、打牌、竞技、战争等竞争性智能活动被称为博弈。其中,最简单的一种被称为"二人零和、全信息、非偶然"博弈。

所谓"二人零和、全信息、非偶然"博弈是指:

(1) 对垒的 A,B 双方轮流采取行动,博弈的结果只有 3 种情况:A 方胜,B 方败;B 方胜,A 方败;双方战成平局。

(2) 在对垒过程中,任何一方都了解当前的格局及过去的历史。

(3) 任何一方在采取行动前都要根据当前的实际情况进行得失分析,选取对自己最为有利而对对方最为不利的对策,不存在"碰运气"的偶然因素。即双方都是很理智地决定自己的行动。

3.4.1 博弈树

在博弈过程中,任何一方都希望自己取得胜利。因此,当某一方当前有多个行动方案可供选择时,其总是挑选对自己最为有利而对对方最为不利的那个行动方案。此时,如果我们站在 A 方的立场上,则可供 A 方选择的若干行动方案之间是"或"关系,因为主动权在 A 方手中,或者选择这个行动方案,或者选择另一个行动方案,完全由 A 方自己决定。当 A 方选取任一方案走了一步后,B 方也有若干个可供选择的行动方案,此时这些行动方案对 A 方来说它们之间则是"与"关系,因为这时主动权在 B 方手里,这些可供选择的行动方案中的任何一个都可能被 B 方选中,A 方必须应付每一种情况的发生。

这样,如果站在某一方(如 A 方,即在 A 要取胜的意义下),把上述博弈过程用图表示出来,则得到的是一棵与/或树。描述博弈过程的与/或树称博弈树,它有如下特点:

(1) 博弈的初始格局是初始节点。

(2) 在博弈树中,"或"节点和"与"节点是逐层交替出现的。自己一方扩展的节点之间是"或"关系,对方扩展的节点之间是"与"关系。双方轮流地扩展节点。

(3) 所有自己一方获胜的终局都是本原问题,相应的节点是可解节点;所有使对方获胜的终局都是不可解节点。

3.4.2 极大极小分析法

在二人博弈问题中,为了从众多可供选择的行动方案中选出一个对自己最为有利的行动方案,需要对当前的情况以及将要发生的情况进行分析,从中选出最优的走步。最常使用的分析方法是极小极大分析法。其基本思想是:

(1) 设博弈的双方中一方为 A,另一方为 B。然后,为其中的一方(例如 A)寻找一个最优行动方案。

(2) 为了找到当前的最优行动方案,需要对各个可能的方案所产生的后果进行比较。具体地说,就是要考虑每一方案实施后对方可能采取的所有行动,并计算可能的得分。

(3) 为计算得分,需要根据问题的特性信息定义一个估价函数,用来估算当前博弈树端节点的得分。此时估算出来的得分被称为静态估值。

(4) 当计算出端节点的估值后,再推算父节点的得分,推算的方法是:对"或"节点,选其子节点中最大的得分作为父节点的得分,这是为了在可供选择的方案中选最有利的方案;对"与"节点,选其子节点中最小的得分作为父节点的得分,这是为了立足于最坏的情况。这样计算出的父节点的得分被称为倒推值。

(5) 如果一个行动方案能获得较大的倒推值,则它就是当前最好的行动方案。

在博弈问题中,每一个格局可供选择的行动方案都有很多,因此会生成十分庞大的博弈树。利用完整的博弈树来进行极小极大分析是很困难的。可行的办法是只生成一定深度的博弈树,然后进行极小极大分析,找出当前最好的行动方案。在此之后,再在已选定的分支上扩展一定深度,再选择最好的行动方案。如此进行下去,直到取得胜败的结果为止。至于每次生成的博弈树的深度,当然是越大越好,但由于计算机存储空间的限制,只能根据实际情况而定。

3.4.3 α-β 剪枝技术

上述的极小极大分析法,实际上是先生成一棵博弈树,然后再计算其倒推值。这样做的缺点是效率较低。于是,人们又在极小极大分析法的基础上,提出了 α-β 剪枝技术。

这一技术的基本思想,是边生成博弈树边计算评估各节点的倒推值,并且根据评估出的倒推值范围,及时停止扩展那些已无必要再扩展的子节点,即相当于剪去了博弈树上的一些分枝,从而节约了机器开销,提高了搜索效率。具体的剪枝方法如下:

(1) 对于一个与节点 MIN,若能估计出其倒推值的上确界 β,并且这个 β 值不大于 MIN 的父节点(一定是或节点)的估计倒推值的下确界 α,即 $\alpha \geq \beta$,则就不必再扩展该 MIN 节点的其余子节点了(因为这些节点的估值对 MIN 父节点的倒推值已无任何影响了)。这一过程被称为 α 剪枝。

(2) 对于一个或节点 MAX,若能估计出其倒推值的下确界 α,并且这个 α 值不小于 MAX 的父节点(一定是与节点)的估计倒推值的上确界 β,即 $\alpha \geq \beta$,则就不必再扩展该 MAX 节点的其余子节点了(因为这些节点的估值对 MAX 父节点的倒推值已无任何影响了)。这一过程被称为 β 剪枝。

第4章 确定性推理

4.1 相关概念

4.1.1 推理的定义

依据逻辑进行判断进而完成推理,是人类智能行为的重要特征之一。所谓推理(reasoning),就是从已知的判断出发,按照某种策略而推导出一种新的判断的高级思维过程。正如我们证明或求解一个数学问题时,首先根据问题给出的已知条件,运用已知的相关定律、定理,对问题进行运算和推导,最后得出结论,该过程即为推理。

人工智能系统中,目前仍由程序来完成推理,这个负责推理的部分叫作推理机。例如,使用医疗诊断专家系统来为病人诊治疾病时,推理机就从病人的症状及化验结果等初始证据出发,按照某种搜索策略在知识库中搜寻可与之匹配的知识,从而得出初步判断,然后再以之为证据,推出进一步的分析结论。如此反复推断,直到得到较满意的最终结论,即病人的病因与治疗方案为止。这种从初始证据出发,不断运用知识库中的相关知识逐步推出结论的过程,即为推理。

4.1.2 推理的方式及分类

人类的智能活动有多种思维方式。人工智能作为对人类智能的模拟,相应地也有多种推理方式。下面从不同的角度对它们进行分类。

1. 演绎推理、归纳推理、默认推理

若按推出结论的途径来划分,推理可分为演绎推理、归纳推理和默认推理。

(1)演绎推理

演绎推理(deductive reasoning)是从全称判断推导出单称判断的过程,即由一般性知识推出适合于某一具体情况的结论的过程。这是一种从一般到个别的推理。

演绎推理是人工智能中一种重要的推理方式。许多智能系统中采用了演绎推理。演绎推理有多种形式,经常用的是三段论式。它包括:

①大前提:已知的一般性知识或假设。
②小前提:关于所研究的具体情况或个别事实的判断。
③结论:由大前提推出的适合于小前提所示情况的新判断。

下面是一个三段论推理的例子:

① 大前提:足球运动员的身体都是强壮的。
② 小前提:高波是一名足球运动员。
③ 结论:高波的身体是强壮的。

(2) 归纳推理

归纳推理(inductive reasoning)是从足够多的事例中归纳出一般性结论的推理过程,是一种从个别到一般的推理。若按归纳时所选事例的广泛性来划分,归纳推理又可分为完全归纳推理和不完全归纳推理两种。

所谓完全归纳推理,是指在进行归纳时考察了相应事物的全部对象,并根据这些对象是否都具有某种属性推出这个事物是否具有这个属性。例如,某厂进行产品质量检查,如果对每一件产品都进行了严格检查,并且都是合格的,则推导出结论"该厂生产的产品合格"。

所谓不完全归纳推理,是指考察了相应事物的部分对象,就得出了结论。例如,某厂检查产品质量时,只是随机地抽查了部分产品,只要它们都合格,就得出了"该厂生产的产品合格"的结论。

不完全归纳推理推出的结论不具有必然性,属于非必然性推理,而完全归纳推理是必然性推理。但是,要考察事物的所有对象通常都比较困难,因而大多数归纳推理都是不完全归纳推理。归纳推理是人类思维活动中最基本、最常用的一种推理形式。人们在由个别到一般的思维过程中经常要用到它。

(3) 默认推理

默认推理又称缺省推理(default reasoning),是在知识不完全的情况下假设某些条件已经具备所进行的推理。例如,在条件 A 已成立的情况下,如果没有足够的证据能证明条件 B 不成立,则默认 B 是成立的,并在此默认的前提下进行推理,推导出某个结论。由于这种推理允许默认某些条件是成立的,所以在知识不完全的情况下也能进行。在默认推理的过程中,如果到某一时刻发现原先所做的默认不正确,则要撤销所做的默认以及由此默认推出的所有结论,按新情况重新进行推理。

2. 确定性推理、不确定性推理

若按推理时所用知识的确定性来划分,推理可分为确定性推理和不确定性推理。

(1) 确定性推理

所谓确定性推理,是指推理时所用的知识与证据都是确定的,推出的结论也是确定的,其真值或者为真或者为假,没有第三种情况出现。经典逻辑推理就属于这一类。经典逻辑推理是最早被提出的一类推理方法,是根据经典逻辑(命题逻辑及一阶谓词逻辑)的逻辑规则进行的一种推理,主要包括自然演绎推理、消解反演推理及与规则演绎推理等。这种推理是基于经典逻辑的,其真值只有真和假两种,因此它是一种确定性推理。

(2) 不确定性推理

所谓不确定性推理,是指推理时所用的知识与证据不都是确定的,推出的结论也是不确定的。现实世界中的事物和现象大都是不确定的或者模糊的,很难用精确的数学模型来表示与处理。不确定性推理又分为似然推理与近似推理或模糊推理,前者是基于概率论的推理,后者是基于模糊逻辑的推理。人们经常在知识不完全、不精确的情况下进行推理。因此,要使计算机能模拟人类的思维活动,就必须使它具有不确定性推理的能力。

3. 单调推理、非单调推理

若按推理过程中推出的结论是否越来越接近最终目标来划分,推理又分为单调推理和非单调推理。

(1) 单调推理

单调推理是指在推理过程中随着推理向前推进及新知识的加入,推出的结论越来越接近最终目标,在推理过程中不会出现反复的情况,即不会由于新知识的加入否定了前面推出的结论,从而使推理又退回到前面的某一步。

(2) 非单调推理

非单调推理是指在推理过程中由于新知识的加入,不仅没有加强已推出的结论,反而要否定它,使推理退回到前面的某一步,然后重新开始。非单调推理一般是在知识不完全的情况下发生的。由于知识不完全,为使推理进行下去,就要先做某些假设,并在假设的基础上进行推理,当之后由于新知识的加入发现原先的假设不正确时,就需要推翻该假设以及由此假设推出的所有结论,再用新知识重新进行推理。显然,默认推理是一种非单调推理。

在人们的日常生活及社会实践中,很多情况下进行的推理都是非单调推理。明斯基举了一个非单调推理的例子:当知道 X 是一只鸟时,一般认为 X 会飞,但之后又知道 X 是企鹅,而企鹅是不会飞的,则取消先前加入的 X 能飞的结论,而加入 X 不会飞的结论。

4. 启发式推理、非启发式推理

若按推理中是否运用与推理有关的启发性知识来划分,推理可分为启发式推理(heuristic inference)和非启发式推理。

所谓启发性知识,是指与问题有关且能加快推理过程、求得问题最优解的知识。例如,若推理的目标是要在脑膜炎、肺炎、流感这 3 种疾病中选择一个,又设有 R_1,R_2,R_3 这 3 条产生式规则可供使用,其中,R_1 推出的是脑膜炎,R_2 推出的是肺炎,R_3 推出的是流感。如果希望尽早地排除脑膜炎这一危险疾病,应该先选用 R_1;如果本地区目前正在盛行流感,则应考虑首先选择 R_3。这里,"脑膜炎危险"及"目前正在盛行流感"是与问题求解有关的启发性信息。

4.1.3 推理方向

推理过程是求解问题的过程。问题求解的质量与效率不仅依赖于所采用的求解方法(如匹配方法、不确定性的传递算法等),而且还依赖于求解问题的策略,即推理的控制策略。推理的控制策略主要包括推理方向、搜索策略、冲突消解策略、求解策略及限制策略等。推理方向分为正向推理、逆向推理、混合推理及双向推理 4 种。

1. 正向推理

正向推理是以已知事实作为出发点的一种推理。正向推理的基本思想是:从用户提供的初始已知事实出发,在知识库 KB 中找出当前可适用的知识,构成可适用知识集 KS,然后按某种冲突消解策略从可适用知识集 KS 中选出一条知识进行推理,并将推出的新事实加入到数据库 DB 中作为下一步推理的已知事实,此后再在知识库 KB 中选取可适用知识进行推理。如此重复这一过程,直到求得了问题的解或者知识库 KB 中再无可适用的知识为止。

正向推理的推理过程可用如下算法描述:

(1)将用户提供的初始已知事实送入数据库 DB。

(2)检查数据库 DB 是否已经包含了问题的解:若有,则求解结束,并成功退出;否则执行下一步。

(3)根据数据库 DB 中的已知事实,扫描知识库 KB,检查知识库 KB 中是否有可适用(即可与数据库 DB 中已知事实匹配)的知识,若有,则转向(4),否则转向(6)。

(4)把知识库 KB 中所有的可适用知识都选出来,构成可适用知识集 KS。

(5)若可适用知识集 KS 不空,则按某种冲突消解策略从中选出一条知识进行推理,并将推出的新事实加入数据库 DB 中,然后转向(2);若可适用知识集空,则转向(6)。

(6)询问用户是否可进一步补充新的事实,若可补充,则将补充的新事实加入数据库 DB 中,然后转向(3);否则表示求不出解,失败退出。

以上算法如图 4-1 所示。

图 4-1 正向推理示意图

为了实现正向推理,有许多具体问题需要解决。例如,想要从知识库 KB 中选出可适用的知识,就要用知识库 KB 中的知识与数据库 DB 中的已知事实进行匹配,为此就需要确定匹配的方法。匹配通常难以做到完全一致,因此还需要解决怎样才算是匹配成功的问题。

2. 逆向推理

逆向推理是以某个假设目标作为出发点的一种推理。

逆向推理的基本思想是:首先选定一个假设目标,然后寻找支持该假设的证据,若所需的证据都能找到,则说明原假设成立;若无论如何都找不到所需要的证据,说明原假设不成立,为此需要另作新的假设。

逆向推理的推理过程可用如下算法描述:

(1)提出要求证的目标假设。

(2)检查该目标是否已在数据库中,若在,则该目标成立,推出推理或者对下一个假设目标进行验证;否则转下一步。

(3)判断该目标是否是证据,即它是否为应由用户证实的原始事实,若是,则询问用户;否则转下一步。

(4)在知识库 KB 中找出所有能导出该目标的知识,形成可适用知识集 KS,然后转下一步。

(5)从 KS 中选出一条知识,并将该知识的运用条件作为新的假设目标,然后转向(2)。

以上算法如图 4-2 所示。

图 4-2 逆向推理示意图

与正向推理相比,逆向推理更复杂一些,上述算法只是描述了它的大致过程,许多细节没有被反映出来。例如:如何判断一个假设是否是证据?当导出假设的知识有多条时,如何确定先选哪一条?一条知识的运用条件一般有多个,当其中的一个经验证成立后,如何自动地换为对另一个的验证?此外,在验证一个运用条件时,需要把它当作新的假设,并查找可导出该假设的知识,这样就又会产生一组新的运用条件,形成一个树状结构,当到达叶结点(即数据库中有相应的事实或者用户可肯定相应事实存在等)时,又需逐层向上返回,返回过程中有可能又要下到下一层,这样上上下下重复多次,才会导出原假设是否成立的结论。这是一个比较复杂的推理过程。

逆向推理的主要优点是不必使用与目标无关的知识,目的性强,同时它还有利于向用户提供解释。其主要缺点是起始目标的选择有盲目性,若不符合实际就要多次提出假设,影响到系统的效率。

3. 混合推理

正向推理具有盲目、效率低等缺点,推理过程中可能会推出许多与问题无关的子目标;逆向推理中,若提出的假设目标不符合实际,也会降低系统的效率。为解决这些问题,可把正向推理与逆向推理结合起来,使其各自发挥自己的优势,取长补短。这种既有正向又有逆向的推理被称为混合推理。另外,在下述几种情况下,通常也需要进行混合推理。

(1)已知的事实不充分

当数据库中的已知事实不够充分时,若用这些事实与知识的运用条件进行匹配进行正向推理,可能连一条可适用知识都选不出来,这就使推理无法进行下去。此时,可通过正向推理先把其运用条件不能完全匹配的知识都找出来,并把这些知识可导出的结论作为假设,然后分别对这些假设进行逆向推理。在逆向推理中可以向用户询问有关证据,这就有可能使推理进行下去。

(2)由正向推理推出的结论可信度不高

用正向推理进行推理时,虽然推出了结论,但可信度可能不高,达不到预定的要求。为了得到一个可信度符合要求的结论,可用这些结论作为假设,然后进行逆向推理,通过向用户询问进一步的信息,有可能得到一个可信度较高的结论。

(3)希望得到更多的结论

在逆向推理过程中,由于要与用户进行对话,有针对性地向用户提出问题,这就有可能获得一些原来没有掌握的有用信息。这些信息不仅可用于证实要证明的假设,同时还有助于推出一些其他结论。因此,在用逆向推理证实了某个假设之后,可以再用正向推理推出另外一些结论。例如,在医疗诊断系统中,先用逆向推理证实某病人患有某种病,然后再利用逆向推理过程中获得的信息进行正向推理,就有可能推出该病人还患有其他病。

由以上讨论可以看出,混合推理分为两种情况:一种是先进行正向推理,帮助选择某个目标,即从已知事实演绎出部分结果,然后再用逆向推理证实该目标或提高其可信度;另一种情况是先假设一个目标进行逆向推理,然后再利用逆向推理中得到的信息进行正向推理,以推出更多的结论。

先正向后逆向的推理过程如图 4-3 所示。

先逆向后正向的推理过程如图 4-4 所示。

图4-3 先正向后逆向混合推理示意图

图4-4 先逆向后正向混合推理示意图

4. 双向推理

在定理的机器证明等问题中,经常采用双向推理。所谓双向推理,是指正向推理与逆向推理同时进行,且在推理的过程中的某一步骤上"碰头"的一种推理。其基本思想是:一方面根据已知事实进行正向推理,但并不推理到最终目标,另一方面从某假设目标出发进行逆向推理,但并不推理至原始事实,而是让它们在中途相遇,即由正向推理所得到的中间结论恰好是逆向推理此时所要求的证据,这时推理就可结束,逆向推理时所做的假设就是推理的最终结论。

双向推理的困难在于"碰头"判断。另外,如何权衡正向推理与逆向推理的比重,即如何确定"碰头"的时机也是一个难题。

4.1.4 模式匹配与冲突消解

在推理过程中,系统要不断地用当前已知的事实与知识库中的知识进行匹配。此时,可能发生如下 3 种情况:

(1)已知事实不能与知识库中的任何知识匹配成功;

(2)已知事实恰好只与知识库中的一个知识匹配成功;

(3)已知事实可与知识库中的多个知识匹配成功,或者多个(组)已知事实都可与知识库中的某一个知识匹配成功,或者有多个(组)已知事实可与知识库中的多个知识匹配成功。

这里的"已知事实与知识库中的知识匹配成功"的含义,对正向推理而言,是指产生式规则的前件和已知事实匹配成功;对逆向推理而言,是指产生式规则的后件和假设匹配成功。

当第一种情况发生时,由于找不到可与当前已知事实匹配成功的知识,使得推理无法继续进行下去。这是由于知识库中缺少某些必要的知识,或者要求解的问题超出了系统功能范围等,此时可根据当前的实际情况作相应的处理。

对于第二种情况,由于匹配成功的知识只有一个,所以它就是可应用的知识,可直接把它应用于当前的推理。

第三种情况刚好与第一种情况相反,它不仅有知识匹配成功,而且有多个知识匹配成功,称这种情况为发生了冲突。此时需要按一定的策略解决冲突,以便从中挑出一个知识用于当前的推理,这一解决冲突的过程被称为冲突消解。解决冲突时所用的方法被称为冲突消解策略。对正向推理而言,它将决定选择哪一组已知事实来激活哪一条产生式规则,使它用于当前的推理,产生其后件指出的结论或执行相应的操作;对逆向推理而言,它将决定哪一个假设与哪一个产生式规则的后件进行匹配,从而推出相应的前件,作为新的假设。

目前已有多种消解冲突的策略,其基本思想都是对知识进行排序。常用的有以下几种:

1. 按针对性排序

本策略优先选用针对性较强的产生式规则。如果 R_2 中除了包括 R_1 要求的全部条件外,还包括其他条件,则称 R_2 比 R_1 有更大的针对性,R_1 比 R_2 有更大的通用性。因此,当 R_2 与 R_1 发生冲突时,优先选用 R_2。因为它要求的条件较多,其结论一般更接近目标,一旦得到满足,可缩短推理过程。

2. 按已知事实的新鲜性排序

在产生式系统的推理过程中,每应用一条产生式规则就会得到一个或多个结论或者执行某个操作,数据库就会增加新的事实。另外,在推理时还会向用户询问有关的信息,这也使数据库的内容发生变化。人们把数据库中后生成的事实称为新鲜的事实,即后生成的事实比先生成的事实具有较大的新鲜性。若一条规则被应用后生成了多个结论,则既可以认为这些结论有相同的新鲜性,也可以认为排在前面(或后面)的结论有较大的新鲜性,根据情况决定。

设规则 R_1 可与事实组 A 匹配成功,规则 R_2 可与事实组 B 匹配成功,则 A 与 B 中哪一组更新鲜,与它匹配的产生式规则就先被应用。

如何衡量 A 与 B 中哪一组事实更新鲜呢? 常用的方法有以下 3 种:

(1) 把 A 与 B 中的事实逐个比较其新鲜性,若 A 中包含的更新鲜的事实比 B 中包含的更新鲜的事实多,就认为 A 比 B 新鲜。例如,设 A 与 B 中各有 5 个事实,而 A 中有 3 个事实比 B 中的事实更新鲜,则认为 A 比 B 新鲜。

(2) 以 A 中最新鲜的事实与 B 中最新鲜的事实相比较,哪一个更新鲜就认为相应的事实组更新鲜。

(3) 以 A 中最不新鲜的事实与 B 中最不新鲜的事实相比较,哪一个更不新鲜就认为相应的事实组有较小的新鲜性。

3. 按匹配度排序

在不确定性推理中,需要计算已知事实与知识的匹配度,当其匹配度达到某个预先规定的值时,就认为它们是可匹配的。若产生式规则 R_1 与 R_2 都可匹配成功,则优先选用匹配度较高的产生式规则。

4. 按领域问题的特点排序

对某些领域问题,事先可知道它的某些特点,则可根据这些特点把知识按固定的顺序排列。例如:

(1) 当领域问题有固定的解题次序时,可按该次序排列相应的知识,排在前面的知识优先被应用。

(2) 当已知某些产生式规则被应用后会明显地有利于问题的求解时,就使这些产生式规则优先被应用。

5. 按上下文限制排序

把产生式规则按它们所描述的上下文分成若干组,在不同的条件下,只能从相应的组中选取有关的产生式规则。这样,不仅可以减少冲突的发生,而且由于搜索范围小,也提高了推理的效率。食品装袋系统 BAGGER 就是这样做的,它把食品装袋过程分成核对订货、大件物品装袋、中件物品装袋、小件物品装袋 4 个阶段,每个阶段都有一组产生式规则与之对应。在装袋的不同阶段,只能应用组中的产生式规则指示机器人做相应的工作。

6. 按冗余限制排序

如果一条产生式规则被应用后产生冗余知识,就降低它被应用的优先级;产生的冗余知识越多,优先级降低越多。

7. 按条件个数排序

如果有多条产生式规则生成的结论相同,则优先应用条件少的产生式规则,因为条件少的规则匹配时花费的时间较少。

在具体应用时,可对上述几种策略进行组合,尽量减少冲突的发生,使推理有较快的速度和较高的效率。

4.2 自然演绎推理

从一组已知为真的事实出发,直接运用经典逻辑的推理规则推出结论的过程被称为自然演绎推理。其中,基本的推理是 P 规则、T 规则、假言推理、拒取式推理等。

假言推理的一般形式:
$$P, P \to Q \Rightarrow Q$$
它表示由 $P \to Q$ 及 P 为真,可推出 Q 为真。

例如,由"如果 x 是金属,则 x 能导电"及"铜是金属"可推出"铜能导电"的结论。

拒取式推理的一般形式:
$$P \to Q, \neg Q \Rightarrow \neg P$$
它表示:由 $P \to Q$ 为真及 Q 为假,可推出 P 为假。

例如,由"如果下雨,则地上就湿"及"地上不湿"可推出"没有下雨"的结论。

这里,应该注意避免如下两类错误:一种是肯定后件(Q)的错误;另一种是否定前件(P)的错误。

所谓肯定后件,是指当 $P \to Q$ 为真时,希望通过肯定后件 Q 为真来推出前件 P 为真,这是不允许的。

例如,伽利略在论证哥白尼的日心说时,曾使用了如下推理:
(1) 如果行星系统是以太阳为中心的,则金星会显示出位相变化;
(2) 金星显示出位相变化(肯定后件);
(3) 所以,行星系统是以太阳为中心。

这里使用了肯定后件的推理,违反了经典逻辑规则,他为此遭到非难。

所谓否定前件,是指当 $P \to Q$ 为真时,希望通过否定前件 P 来推出后件 Q 为假,这也是不允许的。例如下面的推理就是使用了否定前件的推理,违反了逻辑规则:
(1) 如果下雨,则地上是湿的;
(2) 没有下雨(否定前件);
(3) 所以,地上不湿。

这显然是不正确的。因为当地上洒水时,地上也会湿。事实上,只要仔细分析蕴涵 $P \to Q$ 的定义,就会发现当 $P \to Q$ 为真时,肯定后件或否定前件所得的结论既可能为真,也可能为假,不能确定。

下面举例说明自然演绎推理方法。

设已知如下事实:
(1) 凡是容易的课程小王(Wang)都喜欢;
(2) C 班的课程都是容易的;
(3) ds 是 C 班的一门课程。

求证:小王喜欢这门课程。

证明:首先定义谓词。

EASY(x): x 是容易的。

LIKE(x, y): x 喜欢 y。

$C(x)$: x 是 C 班的一门课程。

把上述已知事实及待求证的问题用谓词公式表示出来：

$$(\forall x)(EASY(x) \rightarrow LIKE(Wang, x))$$

凡是容易的课程小王都是喜欢的：

$$(\forall x)(C(x) \rightarrow EASY(x))$$

C 班的课程都是容易的：

$$C(ds)$$

ds 是 C 班的课程：

$$LIKE(Wang, ds)$$

小王喜欢 ds 这门课程，这是待求证的问题。

应用推理规则进行推理：

因为

$$(\forall x)(EASY(x) \rightarrow LIKE(Wang, x))$$

所以由全称固化得

$$EASY(z) \rightarrow LIKE(Wang, z)$$

因为

$$(\forall x)(C(x) \rightarrow EASY(x))$$

所以由全称固化得

$$C(y) \rightarrow EASY(y)$$

由 P 规则及假言推理得

$$C(ds), C(y) \rightarrow EASY(y) \Rightarrow EASY(ds)$$

$$EASY(ds), EASY(z) \rightarrow LIKE(Wang, z)$$

由 T 规则及假言推理得

$$LIKE(Wang, ds)$$

即小王喜欢这门课程。

一般来说，由已知事实推出的结论可能有多个，只要其中包括了待证明的结论，就认为问题得到了解决。

自然演绎推理的优点是表达定理证明过程自然，容易理解，而且它拥有丰富的推理规则，推理过程灵活，便于在它的推理规则中嵌入领域启发式知识。其缺点是容易产生组合爆炸，推理过程得到的中间结论一般呈指数形式递增，这对于一个大的推理问题来说是十分不利的。

4.3　消解反演推理

生活中许多疑虑问题的计算机智能求解，都可以归结为问题的机器定理。简言之，就是通过谓词逻辑转换，在前提条件 P 为真时，求证问题的正确解表达式 "$P \rightarrow Q$" 为永真式或者逻辑结论 Q 为真的过程。但是，直接进行证明往往十分困难，甚至只能使机器陷入无休止的爬格子似的运行之中，几乎没有解决的可能——这是 1930 年前后，以数理逻辑学家 Herbrand 为代表的许多学者历经数十年研究工作得到的结论。

直到 1965 年,J. A. Robinson 又在已有的 Herbrand(海伯伦)定理的基础上,提出了消解反演算法,即应用反证法的思想,把上述求证逻辑结论 Q 为真的永真性问题,转化为证明表达式"$P \land \neg Q$"为不可满足的问题。即若要证明 $P \to Q$ 为永真的,只需证明 $\neg(P \to Q)$ 为永假。虽然这是两个等价问题,但后者可有效地转化为机械化操作步骤。人们把这一定理证明思想的发现归功于 Robinson 的卓越研究,称之为 Robinson 归结原理,又叫作消解原理。这一原理的提出使机械化推理成为现实,被认为是机器定理证明领域的重大突破。

下面在逐一介绍子句、子句集的概念和 Herbrand 定理的基础上,进而讨论实现 Robinson 消解原理的具体方法。

4.3.1 子句集

在谓词逻辑中,任何一个谓词公式都可通过简约运算即应用等价关系及推理规则化成相应的子句集,将谓词公式化为子句集表示的一般方法和步骤如下。

(1)消去条件(又称蕴涵)连接符号。利用蕴涵的等价关系

$$P \to Q \Rightarrow \neg P \lor Q$$

可消去公式中的"→"符号。

(2)转换约束量词的约束属性变化,并移动否定符号的作用位置。反复运用量词转换及扩张、收缩律,使否定符号只作用到单个谓词上,并注意德·摩根(De Morgan)定律的使用。

(3)在不改变公式真值条件下,改变变量命名使其标准化。所谓变量命名标准化就是对变量更名,使每个量词约束的变量名称都不同。在任一量词辖域内,受量词约束的变量可以被另外一个新的变量名称代替,而不改变公式真值。

(4)消去存在量词。引入 Skolem 函数,消去存在量词,这里分为两种情况:一种是在存在量词前没有全称量词约束,可直接用存在量词辖域中的一个特定取值常量,从而消去了存在量词。这种情况引入的 Skolem 函数为一常量,注意这个特定常量符号不要与公式中的其他符号同名。另一种是如在全称量词 x 辖域中包含存在量词 y 约束,存在量词 y 可依赖于全称量词 x,可令这种依赖关系为 $y = g(x)$,这里的 $g(x)$ 叫作 Skolem 函数。

(5)把公式化为 Skolem 标准形。Skolem 标准形的一般形式为

$$(\forall x_1)(\forall x_2)\cdots(\forall x_n)M$$

式中,M 是子句的合取式,被称为 Skolem 标准形母式。

把上述公式中的所有约束量词移到公式最前面,可得一般约束范式;进一步运用分配律,化为 Skolem 标准形的前束范式。

(6)隐去全称量词。如此即将谓词公式化成了相应的子句集。

定理 4.1 设有谓词公式 F,其标准形的子句集为 S,则 F 不可满足的充要条件是 S 不可满足。(谓词公式与子句集的不可满足性)

定理 4.1 表明:如果一个谓词公式是不可满足的,其子句集一定也具有不可满足的特点,反之亦然。

这样,要证明一个谓词公式是不可满足的,只需要证明其相应的子句集是不可满足的。从而可以利用子句集不可满足性来证明一个谓词公式的不可满足性。目前,证明子句集不可满足性的最可靠的方法就是运用 Robinson(鲁宾孙)消解原理。下面先就 Herbrand(海伯

伦)域和海伯伦定理进行讨论。

4.3.2 Herbrand 理论

1. 海伯伦域(H 域)

要考察一个谓词公式及其子句集的不可满足性,可以通过检验该谓词公式及其子句集在其个体论域中解释的永真(假)性来说明。然而,由于个体论域及其谓词解释的任意性和多样性,要考察所有个体论域中的全部解释是十分困难甚至不可能的。海伯伦证明了存在一个特殊的域,只要考察这个特殊域中的所有解释,就可以判定该谓词公式或其子句集的不可满足性,这个特殊的域叫作海伯伦域。

定义 4.1 设在论域 D 上有子句集 S:

(1)令 H_0 为 S 中所有常量的集合;若 S 中没有常量,取任意常量 $a \in D$,并令 $H_0 = \{a\}$。

(2)令 $H_{i+1} = H_i \cup \{S$ 中所有 n 元函数 $f(x_1, x_2, \cdots, x_j, \cdots, x_n)\}$,这里 $x_j(j=1,\cdots,n)$ 是 H_i 中的元素 $(i = 0,1,2,\cdots)$。

(3)则称这样构造的域 H_∞ 为海伯伦域,简称并记为 H 域。

2. 海伯伦定理

在子句集 S 中,如果用 H 域中的元素替换 S 的变元,则所得的子句称基子句,基子句的集合称基子句集,又称 S 的基例集(ground instance set);其中的谓词称基原子,基原子的集合称原子集。

显而易见,每一个基子句连同其真值指派都是子句集 S 在 H 域中的一个解释。下面给出 S 在 H 域中解释的定义。

定义 4.2 子句集 S 在 H 域中的一个解释 E 满足下列条件:

(1)在解释 E 下,常量映射到自身。

(2)S 中任一个 n 元函数 $f(x_1, x_2, \cdots, x_n)$ 都是 $H^n \to H$ 的映射。如果设 $h_1, h_2, \cdots, h_n \in H$,则有 $f(h_1, h_2, \cdots, h_n) \in H$。

(3)S 中的任一个 n 元谓词,都是 $H^n \to \{T, F\}$ 的映射,谓词的真值可以指派为 T,也可以指派为 F。

可以证明,对给定论域 D 上的任何一个解释,总能在 H 域中构造一个解释与之对应;如果 D 域中的解释能满足子句集 S,则在 H 域中的相应解释也能满足 S。因此,可推出如下两个定理:

定理 4.2 子句集 S 不可满足的充要条件是该子句集 S 在 H 域中的所有解释都为假。

定理 4.3 子句集 S 不可满足的充要条件是存在一个有限的不可满足的基子句集 S'。这就是著名的 Herbrand(海伯伦)定理。下面简要地给出解释性的证明。

证明

充分性:

设子句集 S 有一个不可满足的基子句集 S',因为它不可满足,所以一定存在一个解释 E',使 S' 为假。根据 H 域中的解释与 D 域中解释的对应关系,可知在 D 域中一定存在一个解释使 S 不可满足,即子句集 S 是不可满足的。

必要性:

设子句集 S 不可满足,由定理 4.2 可知 S 对 H 域中的一切解释都为假,这样必然存在一个基子句集 S',且它是不可满足的。

但是,海伯伦定理只是从理论上给出了证明子句集不可满足的可行性思路,要在计算机上实现其证明过程却十分困难。直到 1965 年鲁宾孙提出了消解原理,才使机器定理证明问题得到解决,使机器定理证明的机械化推理步骤得以实现。

4.3.3 Robinson 消解原理

Robinson 消解原理又称归结原理。它是一种谓词逻辑演绎推理的方法,通过证明谓词公式及其子句集的永真性来求解复杂的智能问题。

定义 4.3 设 S 为一子句集,$S = \{C_1, C_2, \cdots, C_i, C_j, \cdots, C_n\}$,$C_i$ 和 C_j 是子句集 S 中的任意两个子句,如果 C_i 中的文字 L_i 与 C_j 中的文字 L_j 构成文字互补,那么从 C_i 和 C_j 中分别消去 L_i 和 L_j,并将两个子句中余下的部分析取,构成的新子句 C_{ij} 称 C_i 和 C_j 的消解式,称 C_i 和 C_j 为 C_{ij} 的亲本子句。

按照上述定义,人们把考察子句集 S 中的各个子句并构成消解式的过程又称为消解或归结,并把消解式叫作归结式。

消解可用一棵消解树直观地表示出来,用二叉树两个叶节点分别标注两个子句,在根节点标注消解式。整个消解过程都可以用这样一棵树来表示。

定理 4.4 归结式 C_{ij} 是其亲本子句 C_i 与 C_j 的逻辑结论。

推论 4.1 设 C_i 和 C_j 是子句集 S 中的两个子句,C_{ij} 是它们的消解式,若用 C_{ij} 代替 C_i 和 C_j,后得到新子句集 S_1,则由 S_1 的不可满足性可推出原子句集 S 的不可满足性,即

S_1 的不可满足性 => S 的不可满足性

推论 4.2 设 C_i 与 C_j 是子句集 S 中的两个子句,C_{ij} 是它们的消解式,若把 C_{ij} 加入 S 中,得到新子句集 S_2,则 S 与 S_2 在不可满足的意义上是等价的,即

S_2 的不可满足性 $\Leftrightarrow$ S 的不可满足性

以上推论及定理就是消解原理的基本思想。

消解原理告诉我们,要证明子句集 S 的不可满足性,这里有两条思路:

其一,对其中可消解的子句进行归结,并把消解式加入子句集,或者用消解式替换它的亲本子句,然后对新子句集(S_1 或 S_2)证明其不可满足性。

其二,如果经过消解能得到空子句,根据空子句的不可满足性,就可得到原子句集 C 不可满足的结论。

在针对实际的问题求解时,上述两条思路既可以独立用来进行求解证明,又可以结合起来先后实施来得到问题的解。

总之,用消解原理证明定理或求解问题的基本思想是:利用消解式的替换,可以不断地减少子句集的子句数量,进而减少匹配推理的层次和次数,简化证明过程。这样,就能逐层逐个子句完成问题解的比较与搜索,从而使得机器推理求解复杂问题成为可能。

所谓反演推理求解,就是使用反证法的证明求解。经验告诉我们:比较起来,人们要求证一个错误或谬论,比证明一条真理要容易许多。这是因为,证明一条真理,需要这条真理在各种环境和场合下接受检验;而求证一个错误,只需要有一次错误发生就可以证实说明。

这里提出的消解反演推理思想,就是基于人们对问题求解的上述经验认识的总结。

事实上,在机器定理证明中,要求证一个目标子句是永真的,等价于证明该目标子句否定的永假性,即证明该目标子句的否定是不可满足的。这时,其实只需要证实在题目给定环境下,该目标子句的否定将发生错误就能证明。因此,特提出如下消解反演推理求解问题的推理步骤:

(1) 把问题的已知条件表示成一组子句或子句集;

(2) 把问题要求证的目标表示成一个子句,然后在该目标子句前加一否定符号"¬"。

(3) 把上述加了"¬"符号的目标子句与已知条件子句集一起进行消解推理。

(4) 如果推理中出现矛盾,即得到空子句,则证明了加了"¬"符号的目标子句是不可满足的,也就是说原目标子句必然是正确的,即证明了原目标子句是永真的。

注意 若问题要求证的目标有多个,则必须把它们分别表示为一个个的独立子句。这时,只能对每个目标子句分别予以反演消解证明。

4.4 基于规则的演绎推理

基于规则的演绎推理又称与/或形演绎推理。与之前讨论的消解演绎推理不同的是:不必再把有关知识转化为子句集,只需要把已知事实分别用蕴涵式及与/或形公式表示出来,再通过运用蕴涵式特性进行演绎推理以求证目标公式。按照其控制方向,基于规则的演绎推理又可分为正向、逆向和双向3种演绎形式。下面分别进行简单介绍。

4.4.1 基于规则的正向演绎推理

1. 与/或形变换及树形图表示

为了便于完成基于规则的正向演绎推理,首先将事实表示为谓词公式,并且设法通过与/或形变换,消去蕴涵符号,只在公式中保留否定、合取、析取符号,使该谓词表达式变换为标准的与/或形式公式。例如,蕴涵连接词用等值变换消去,使否定符号只作用到单个谓词,消去存在量词和全称量词等。

2. 正向演绎推理的 F 规则及其标准化处理

所谓 F 规则,即正向演绎推理规则,表示为

$$F: L \to W$$

式中,L 为规则的前件,必须为单文字;W 为规则的后件,可以是任意的与/或形公式。将任意公式变换为符合 F 规则定义的标准的蕴涵形式,称 F 规则标准化。其目的就是为了便于实施正向演绎推理。要对公式实施 F 规则标准,其一般步骤如下:

(1) 暂时取消蕴涵符号。

(2) 缩小否定符号辖域,把否定符"¬"运算直接移到具体文字前。

(3) 可通过引入 Skolem 函数使变量标准化。

(4) 化为前束式,并隐去全称量词。

(5) 变换为标准 F 规则。

3. 规则正向演绎推理过程

基于 F 规则的正向演绎推理过程为：

(1) 必须把待证明的目标公式写成或转化为只有析取连接的公式；将事实公式变换为标准与/或形公式，画出事实与/或图。

(2) 将所有正向推理规则变换为标准 F 规则。

(3) 对与/或图的叶节点，搜索匹配的 F 规则，并把已经匹配的规则的后件添加到与/或图中。

(4) 检查目标公式的所有文字是否全部出现在与/或图上，如果全部出现，则原命题（目标公式）得证。

注意 按照 F 规则进行事实匹配方法是：如果在系统规则库中找到某 F 规则 $L \rightarrow W$，并且其前件文字 L 恰好同与/或图中的某个叶节点的文字相同，则确定这条规则与该叶节点匹配。可把这条规则的前件加入事实与/或图，并在与其匹配的叶节点之间画双箭头作为匹配标记。同理，分解 F 规则的后件 W，直到单个文字；将已经匹配的 F 规则的后件 W，加入到与/或图中。

4.4.2 基于规则的逆向演绎推理

所谓基于规则的逆向演绎推理，是从目标公式出发，逆向使用推理标准 B 规则的匹配，直到找出目标公式成立的已知事实依据条件时为止。

因此，首先要将目标公式转换为标准与/或形公式，方法与规则正向演绎推理的事实表达式化为与/或形相同。

类似规则正向演绎推理中事实表达式的树形与/或图表示，这里也用树形与/或图来表示标准与/或形目标公式。与事实与/或图不同的是，这里规定用连接弧线标记目标公式与/或图中合取节点关系。

逆向演绎推理使用的标准 B 规则，表示为

$$B: W \rightarrow L$$

式中，规则的前件 W 可为任意的与/或形公式；而规则的后件 L，必须为单文字或单文字的合取。

当规则后件 L 为多个单文字合取时，比如 $W \rightarrow (L_1 \wedge L_2 \wedge \cdots \wedge L_k)$，可以转换为 K 个单文字后件的 B 规则，即 $W \rightarrow L_1, W \rightarrow L_2, \cdots, W \rightarrow L_k$。

B 规则标准化过程和 F 规则标准化过程类似，即：①暂时取消蕴涵符号；②缩小否定符号辖域；③引入 Skolem 函数，使变量标准化；④前束化并隐去全称量词；⑤恢复蕴涵而变换为标准 B 规则等。

寻找 B 规则的匹配过程中，注意寻找每个单文字后件与相应叶节点的匹配，若找到了匹配，则需要用匹配线标记匹配；匹配过程中有时需要进行置换、合一，要标出相应的置换关系；注意按前述相同方法拆分 B 规则的前件表达式，直到是单文字等。

总之，规则逆向演绎推理基本过程为：

(1) 将目标公式化为标准与/或形式，画出相应的目标与/或图。

(2)将所有逆向推理规则变换为标准的 B 规则。

(3)按先事实、再规则的顺序,对于目标与/或图,若找到了事实匹配,做相应标记;若找到 B 规则匹配,则把此 B 规则添加到目标与/或图中,做相应的匹配标记。

(4)检查目标与/或图,如果所有叶节点都匹配到事实文字,则目标公式得到证明。至此,规则逆向演绎推理证明过程结束。

4.4.3 规则双向演绎推理

如果一个系统给出了事实表达式,同时所给出的规则既有 F 规则,又有 B 规则,并给出了系统要证明的目标公式,这时仅仅单纯使用 F 规则的正向演绎推理,或仅使用 B 规则的逆向演绎推理,都将在证明中遇到难以克服的困难,因此该系统应该采用基于规则的双向演绎推理来解决。

所谓双向演绎推理,即在从基于事实的 F 规则正向推理出发的同时,从基于目标的 B 规则逆向推理出发,同时进行双向演绎推理。

双向演绎推理终止的条件:必须使得正向推理和逆向推理互相完全匹配。即所有得到的正向推理与/或图的叶节点,正好与逆向推理得到的与/或图的叶节点一一对应匹配。

第5章 不确定性推理

5.1 相关概念

由于客观世界的复杂性、多变性和人类自身认识的局限性、主观性,我们所获得、所处理的信息和知识中,往往含有不肯定、不准确、不完全甚至不一致的成分。这就是所谓的不确定性。

事实上,不确定性大量存在于我们所处的信息环境中,例如人的日常语言中就几乎处处含有不确定性(瞧!这句话本身就含有不确定性:什么叫"几乎"?)。不确定性也大量存在于我们的知识特别是经验性知识之中。所以,要实现人工智能,不确定性是无法回避的。人工智能必须研究不确定性,研究它们的表示和处理技术。事实上,关于不确定性的处理技术,对于人工智能的诸多领域,如专家系统、自然语言理解、控制和决策、智能机器人等,都尤为重要。

5.1.1 不确定性的类型

不确定性按性质划分,大致可分为随机性、模糊性、不完全性和不一致性等几种类型。

1. 随机性

随机性即指一个命题(亦即所表示的事件)的真实性不能完全肯定,而只能对其为真的可能性给出某种估计。例如:

(1) 如果乌云密布并且电闪雷鸣,则很可能要下暴雨。
(2) 如果头痛发烧,则大概是患了感冒。

就是两个含有随机不确定性的命题。当然,它们描述的是人们的经验性知识。

2. 模糊性

模糊性就是一个命题中所出现的某些言词,从概念上讲,无明确的内涵和外延,即是模糊不清的。例如,

(1) 小王是个高个子。
(2) 张三和李四是好朋友。
(3) 如果向左转,则身体就向左稍倾。

这几个命题中就含有模糊不确定性,因为其中的"高""好朋友""稍倾"等都是模糊概念。

3. 不完全性

不完全性就是对某事物来说，关于它的信息或知识还不全面、不完整、不充分。例如，在破案的过程中，警方所掌握的关于罪犯的信息，往往就是不完全的。但就是在这种情况下，办案人员仍能通过分析、推理等手段而最终破案。

4. 不一致性

不一致性就是在推理过程中发生了前后不相容的结论，或者随着时间的推移或者范围的扩大，原来一些成立的命题变得不成立、不适合了。例如，牛顿定律对于宏观世界是正确的，但对于微观世界却是不适合的。

5.1.2 不确定性知识的表示

不确定性知识的表示，关键是如何把不确定性用量化的方法加以描述，而其余部分的表示模式与前面介绍的（确定性）知识表示方法基本相同。对于不同的不确定性，人们提出了不同的描述方法。接下来主要介绍随机性知识和模糊性知识的表示方法，对于不完全性知识和不一致性知识的表示，简单介绍几种非标准逻辑。

1. 随机性知识的表示

我们只讨论随机性产生式规则的表示。对于随机不确定性，一般采用信度（或称可信度）来刻画。一个命题的信度是指该命题为真的可信程度。例如：

（这场球赛甲队取胜，0.9）

这里的"0.9"就是命题"这场球赛甲队取胜"的可信度。它表示"这场球赛甲队取胜"这个命题为真（即这个事件发生）的可能性程度是0.9。

随机性产生式的一般表示形式为

$$A \rightarrow B(C(A \rightarrow B)) \tag{5-1}$$

或者

$$A \rightarrow (B, C(B \mid A)) \tag{5-2}$$

其中，$(C(A \rightarrow B))$ 表示规则 $A \rightarrow B$ 为真的信度，而 $C(B \mid A)$ 表示规则的结论 B 在前提 A 为真的情况下为真的信度。例如，对于前面提到的两个随机性命题，其随机性可以用信度来表示。

若信度采用式(5-1)，则可表示如下：

如果乌云密布并且电闪雷鸣，则天要下暴雨；(0.95)。

如果头痛发烧，则患了感冒；(0.8)。

这里的"0.95"和"0.8"就是对应规则的信度，它们代替了原命题中的"很可能"和"大概"。

若信度采用式(5-2)，则可表示如下：

如果乌云密布并且电闪雷鸣，则天要下暴雨；(0.95)。

如果头痛发烧，则患了感冒；(0.8)。

这里的"0.95"和"0.8"就是对应规则结论的信度,它们仍然代替了原命题中的"很可能"和"大概"。

可以看出,上面的两种信度虽然都是信度,但它们的含义是不一样的。正因为如此,这两种信度在推理时的计算方法也就并不相同。至于对同一条规则究竟采用何种信度,这要具体问题具体分析。

我们认为信度一般是基于概率的一种度量,或者干脆就以概率作为信度,即把信度解释为命题为真(即事件发生)的可能性程度。例如,前面提到的两个信度就可以是概率,即可取 $C(B|A) = P(B|A)$,$P(B|A)$ 表示 A 为真时 B 为真的条件概率。

信度也可以是基于概率的某种度量。例如,在著名的专家系统 MYCIN 中,其规则 $E \rightarrow H$ 中,结论 H 的信度就被定义为

$$CF(H,E) = \begin{cases} \dfrac{P(H|E) - P(H)}{1 - P(H)} & P(H|E) > P(H) \\ 0 & P(H|E) = P(H) \\ \dfrac{P(H) - P(H|E)}{P(H)} & P(H|E) < P(H) \end{cases}$$

其中,E 表示规则的前提,H 表示规则的结论,$P(H)$ 是 H 的先验概率,$P(H|E)$ 是 E 为真时 H 为真的条件概率,CF(certainty factor) 为确定性因子,即可信度。

由此定义,可以求得 CF 的取值范围为 $[-1,1]$。$CF=1$,表示 H 肯定为真;$CF=-1$,表示 H 肯定为假;$CF=0$,表示 E 与 H 无关。

CF 是由信任增长度 MB 和不信任增长度 MD 相减得来的。即

$$CF(H,E) = MB(H,E) - MD(H,E)$$

而

$$MB(H,E) = \begin{cases} 1 & P(H) = 1 \\ \dfrac{\max\{P(H|E), P(H)\} - P(H)}{1 - P(H)} & P(H) \neq 1 \end{cases}$$

$$MD(H,E) = \begin{cases} 1 & P(H) = 0 \\ \dfrac{\min\{P(H|E), P(H)\} - P(H)}{-P(H)} & P(H) \neq 0 \end{cases}$$

$MB(H,E) > 0$,表示由于证据 E 的出现增加了对 H 的信任程度;$MD(H,E) > 0$,表示由于证据 E 的出现增加了对 H 的不信任程度。对同一个证据 E,它不可能既增加对 H 的信任程度又增加对 H 的不信任程度,因此 $MB(H,E)$ 与 $MD(H,E)$ 是互斥的,即:当 $MB(H,E) > 0$ 时,$MD(H,E) = 0$;当 $MD(H,E) > 0$ 时,$MB(H,E) = 0$。

前面的 CF 的表达式,正是利用这种关系通过 $MB(H,E)$,$MD(H,E)$ 的定义式推导出来的。

下面我们举一个用 CF 表示信度的实例。例如,在 MYCIN 中有这样一条规则:

如果该细菌的染色斑呈革兰氏阳性,且形状为球状,且生长结构为链形,则该细菌是链球菌(0.7)。这里的"0.7"就是规则结论的 CF 值。

最后需要说明的是,一个命题的信度可由有关统计规律、概率计算或由专家凭经验主观给出。

2. 模糊性知识的表示

"模糊"是人类感知万物,获取知识,思维推理,决策实施的重要特征。"模糊"比"清晰"所拥有的信息容量更大,内涵更丰富,更符合客观世界。为了用数学方法描述和处理自然界出现的不精确、不完整的信息,如人类语言信息和图像信息,1965 年,美国著名学者、加利福尼亚大学教授扎德(L. A. Zadeh)发表了论文"Fuzzy Set",首先提出了模糊理论。

在模糊理论被提出的年代,由于科学技术尤其是计算机技术发展的限制,以及科技界对"模糊"含义的误解,使得模糊理论没有得到应有的发展。从 1965 年到 20 世纪 80 年代,在美国、中国、日本和欧洲等国家和地区,只有少数科学家研究模糊理论。虽然理论文章总数高达五千篇左右,但实际应用却寥寥无几。

模糊理论成功的应用首先是在自动控制领域。1974 年,英国伦敦大学教授 Mamdani 首次将模糊理论应用于热电厂的蒸汽机控制,揭开了模糊理论在控制领域应用的新篇章,充分展示了模糊控制技术的应用前景。1976 年,Mamdani 又将模糊理论应用于水泥旋转炉的控制。在所有应用中,模糊控制在欧洲主要用于工业自动化,在美国主要用于军事领域。尽管在此之后十多年内,模糊控制技术应用取得了很好的效果,但并没有取得根本上的突破。

到 20 世纪 80 年代,随着计算机技术的发展,日本科学家将模糊理论成功地应用于工业控制和消费品控制,在世界范围内掀起了模糊控制应用高潮。1983 年,日本 Fuji Electric 公司实现了饮水处理装置的模糊控制。1987 年,日本 Hitachi 公司研制出地铁的模糊控制系统。

1987—1990 年在日本申报的模糊产品专利就达 319 种,分布在过程控制、汽车电子、图像识别/图像数据处理、测量技术/传感器、机器人、诊断、家用电器控制等领域。

目前,各种模糊产品充满了日本、西欧和美国市场,如模糊洗衣机、模糊吸尘器、模糊电冰箱和模糊摄像机等。各国都将模糊技术作为本国重点发展的关键技术。

模糊控制是以模糊数学为基础,运用语言规则表示方法和先进的计算机技术,由模糊推理进行决策的一种高级控制策略。它无疑属于智能控制范畴,而且发展至今已成为人工智能领域中的一个重要分支。

在日常生活中,人们往往用"较少""较多""小一些""很小"等模糊语言来进行控制。例如,当我们拧开水阀门向水桶放水时,有这样的经验:桶里没有水或水较少时,应开大水阀门;桶里的水比较多时,水阀门应拧小一些;水桶快满时应把水阀门拧很小;水桶里的水满时,应迅速关掉水阀门。

大多数的工业过程,参数时变呈现极强的非线性特性,一般很难建立数学模型,而常规控制一般都要求系统有精确的数学模型。所以,对于不确定性系统的控制,采用常规控制很难实现有效控制。模糊控制可以利用语言信息却不需要精确的数学模型,从而可以实现对不确定性系统较好的控制。模糊控制技术是由模糊数学、计算机科学、人工智能、知识工程等多门学科相互渗透的理论性很强的科学技术。

在人工智能领域里,特别是在知识表示方面,模糊逻辑有相当广阔的应用前景。目前在自动控制、模式识别、自然语言理解、机器人及专家系统研制等方面,应用模糊逻辑取得了一定的成果,引起了计算机科学界的越来越多的关注。

对于模糊不确定性,一般采用程度或集合来刻画。所谓程度就是一个命题中所描述的事物的属性、状态和关系等的强度。例如,我们用三元组(张三,体型,(胖,0.9))表示命题

"张三比较胖",其中的"0.9"就代替"比较"而刻画了张三"胖"的程度。

这种程度表示法,一般是一种针对对象的表示法。其一般形式为:

(<对象>,<属性>,(<属性值>,<程度>))

可以看出,它实际是通常的三元组(<对象>,<属性>,<属性值>)的细化,其中的<程度>一项是对前面属性值的精确刻画。事实上,这种思想和方法还可广泛用于产生式规则、谓词逻辑、框架、语义网络等多种知识表示方法中,从而扩充它们的表示范围和能力。

下面我们举例进行说明。

【例 5-1】 模糊规则。

(患者,症状,(头疼,0.95))∧(患者,症状,(发烧,1.1))→(患者,疾病,(感冒,1.2))

可解释为:如果患者有些头疼并且发高烧,则他患了重感冒。

【例 5-2】 模糊谓词。

(1) 5.0 白(雪) 或 白$_{5.0}$(雪)

表示:雪是白的。

(2) 朋友$_{3.33}$(张三,李四) 或 3.33 朋友(张三,李四)

表示:张三和李四是好朋友。

(3) $\forall x(计算机系学生(x) \xrightarrow{1.0} 努力_{1.2}(x))$

表示:计算机系的同学学习都很努力。

【例 5-3】 模糊框架。

框架名:<大枣>

属性:(<干果>,0.8)

形状:(圆,0.7)

颜色:(红,1.0)

味道:(甘,1.1)

用途:食用

药用:用量:约五枚

用法:水煎服

注意:室温下半天内服完

其中的"约五枚"可用模糊数"5"表示。另外,"室温""半天"也都是模糊概念,也需要给出适当表示。还可看出,大枣对于干果的隶属度为0.8。

【例 5-4】 模糊语义网示例如图 5-1 所示。

图 5-1 模糊语义网

3. 模糊集合与模糊逻辑

前面我们是从对象着眼来讨论模糊性知识的表示方法的。若从概念着眼,模糊性知识中的模糊概念则可用所谓的模糊集合来表示。

定义 5.1 设 U 是一个论域,U 到区间 $[0,1]$ 的一个映射
$$\mu : U \to [0,1]$$
就确定了 U 的一个模糊子集 $\underset{\sim}{A}$。映射 μ 被称为 $\underset{\sim}{A}$ 的隶属函数,记为 $\mu_{\underset{\sim}{A}}(u)$。对于任意的 $u \in U, \mu_{\underset{\sim}{A}} \in [0,1]$ 被称为 u 属于模糊子集 $\underset{\sim}{A}$ 的程度,简称隶属度。

论域 U 上的模糊集合 $\underset{\sim}{A}$,一般可记为
$$\underset{\sim}{A} = \{\mu_{\underset{\sim}{A}}(u_1)/u_1, \mu_{\underset{\sim}{A}}(u_2)/u_2, \mu_{\underset{\sim}{A}}(u_3)/u_3, \cdots\}$$
或
$$\underset{\sim}{A} = \mu_{\underset{\sim}{A}}(u_1)/u_1 + \mu_{\underset{\sim}{A}}(u_2)/u_2 + \mu_{\underset{\sim}{A}}(u_3)/u_3 + \cdots$$
或
$$\underset{\sim}{A} = \int_{u \in U} \mu_{\underset{\sim}{A}}(u)/u$$
或
$$\underset{\sim}{A} = \{\mu_{\underset{\sim}{A}}(u_1), \mu_{\underset{\sim}{A}}(u_2), \mu_{\underset{\sim}{A}}(u_3), \cdots\}$$
对于有限论域 U,甚至也可表示为
$$\underset{\sim}{A} = (\mu_{\underset{\sim}{A}}(u_1), \mu_{\underset{\sim}{A}}(u_2), \mu_{\underset{\sim}{A}}(u_3), \cdots, \mu_{\underset{\sim}{A}}(u_n))$$

可以看出,对于模糊集,当 U 中的元素 u 的隶属度全为 0 时,则是一个空集;反之,当全为 1 时,是全集 U;当仅取 0 和 1 时,是普通子集。这就是说,模糊子集实际是普通子集的推广,而普通子集就是模糊子集的特例。

可以看出,上面"大数的集合"和"小数的集合"实际上是用外延法描述了"大"和"小"两个模糊概念。这就是说,模糊集可作为模糊概念的数学模型。由定义,模糊集合完全由其隶属函数确定,即一个模糊集合与其隶属函数是等价的。所以,隶属函数也可作为模糊概念的数学模型。

【例 5-5】 设论域 $U = [1, 200]$ 表示人的年龄区间,则模糊概念"年轻"和"年老"可分别定义如下:
$$\mu_{年轻}(u) = \begin{cases} 1 & 1 < u \le 25 \\ \left[1 + \left(\dfrac{u-25}{5}\right)^2\right]^{-1} & 25 < u \le 200 \end{cases}$$
$$\mu_{年老}(u) = \begin{cases} 0 & 1 < u \le 50 \\ \left[1 + \left(\dfrac{u-50}{5}\right)^2\right]^{-1} & 50 < u \le 200 \end{cases}$$

隶属函数一般由人们主观给出,也可以利用某种算式而求得。特别值得指出的是,隶属函数也可利用人工神经元网络的学习而得到。

除了有些性质概念是模糊概念外,还存在不少模糊的关系概念。如"远大于""基本相同""好朋友"等就是一些模糊关系。模糊关系也可以用模糊集合表示。下面我们就用模糊子集定义模糊关系。

定义 5.2 集合 $U_1, U_2, \cdots, U_n$ 的笛卡儿积集 $U_1 \times U_2 \times \cdots \times U_n$ 的一个模糊子集 R,称

$U_1, U_2, \cdots, U_n$ 间的一个 n 元模糊关系。特别地，U^n 的一个模糊子集被称为 U 上的一个 n 元模糊关系。

与普通集合一样，也可定义模糊集合的交、并、补运算。

定义 5.3 设 $\underset{\sim}{A}$ 和 $\underset{\sim}{B}$ 是 X 的模糊子集，$\underset{\sim}{A}$ 和 $\underset{\sim}{B}$ 的交集 $\underset{\sim}{A} \cap \underset{\sim}{B}$、并集 $\underset{\sim}{A} \cup \underset{\sim}{B}$ 和补集 $\underset{\sim}{A}'$，分别由下面的隶属函数确定：

$$\mu_{\underset{\sim}{A} \cap \underset{\sim}{B}}(x) = \min(\mu_{\underset{\sim}{A}}(x), \mu_{\underset{\sim}{B}}(x))$$

$$\mu_{\underset{\sim}{A} \cup \underset{\sim}{B}}(x) = \max(\mu_{\underset{\sim}{A}}(x), \mu_{\underset{\sim}{B}}(x))$$

$$\mu_{\underset{\sim}{A}'}(x) = 1 - \mu_{\underset{\sim}{A}}(x)$$

4. 模糊逻辑

模糊逻辑是研究模糊命题的逻辑。设 n 元谓词

$$\underset{\sim}{P}(x_1, x_2, \cdots, x_n)$$

表示一个模糊命题，其中的谓词 $\underset{\sim}{P}$ 是一个模糊概念。那么，定义这个模糊命题的真值为其中对象 $x_1, x_2, \cdots, x_n$ 对模糊集合 $\underset{\sim}{P}$ 的隶属度，即

$$T(\underset{\sim}{P}(x_1, x_2, \cdots, x_n)) = \mu_{\underset{\sim}{P}}(x_1, x_2, \cdots, x_n)$$

此式把模糊命题的真值定义为区间 $[0,1]$ 中的一个实数。那么，当一个命题的真值为 0 时，它就是假命题；为 1 时，它就是真命题；为 0 和 1 之间的某个值时，它就是有某种程度的真（又有某种程度的假）的模糊命题。

可以看出，上述定义的模糊命题的真值，实际是把一个命题内部的隶属度转化为整个命题的真实度。

在上述真值定义的基础上，我们再定义 3 种逻辑运算：

(1) $T(\underset{\sim}{P} \wedge Q) = \min(T(\underset{\sim}{P}), T(Q))$

(2) $T(\underset{\sim}{P} \vee Q) = \max(T(\underset{\sim}{P}), T(Q))$

(3) $T(\neg \underset{\sim}{P}) = 1 - T(\underset{\sim}{P})$

其中，$\underset{\sim}{P}$ 和 Q 都是模糊命题。这 3 种逻辑运算被称为模糊逻辑运算。

那么，由这 3 种模糊逻辑运算所建立的逻辑系统就是所谓的模糊逻辑。可以看出，模糊逻辑是传统二值逻辑的一种推广。

5. 多值逻辑

人们通常所使用的逻辑是二值逻辑。即对一个命题来说，它必须是非真即假，反之亦然。但现实中一句话的真假却并非一定如此，可能是半真半假，或不真不假，或者真假一时还不能确定，等等。这样，仅靠二值逻辑有些事情就无法处理，有些推理就无法进行。于是，人们就提出了三值逻辑、四值逻辑、多值逻辑乃至无穷值逻辑。例如，上面的模糊逻辑就是一种无穷值逻辑。下面我们介绍一种三值逻辑，称之为 Kleene 三值逻辑。

在这种三值逻辑中，命题的真值，除了真和假外，还可以是不能判定。其逻辑运算定义如图 5-2 所示。

∧	T	F	U
T	T	F	U
F	F	F	F
U	U	F	U

∨	T	F	U
T	T	T	T
F	T	F	U
U	T	U	U

P	$\neg P$
T	T
F	T
U	U

图 5-2 Kleene 三值逻辑的逻辑运算定义

其中的第三个真值 U 的语义为"不可判定",即不知道。显然,遵循这种逻辑,就可在证据不完全不充分的情况下进行推理。

除了上述的 Kleene 三值逻辑外,还有 Luckasiewicz 三值逻辑、Bochvar 三值逻辑、计算三值逻辑等。这些三值逻辑都是对第三个逻辑值赋予不同的语义而得到的。

6. 非单调逻辑

所谓"单调",是指一个逻辑系统中的定理随着推理的进行总是递增的。那么,非单调是指逻辑系统中的定理随着推理的进行并非总是递增的,就是说也可能有时要减少。传统的逻辑系统都是单调逻辑。但事实上,现实世界却是非单调的。例如,人们在对某事物的信息和知识不足的情况下,往往是先按假设或默认的情况进行处理,但后来发现得到了错误的或者矛盾的结果,则就又要撤销原来的假设以及由此得到的一切结论。这种例子不论在日常生活中还是在科学研究中都是屡见不鲜的。这就说明,人工智能系统中必须引入非单调逻辑。

在非单调逻辑中,由某假设出发进行的推理中一旦出现不一致,即出现与假设矛盾的命题,那么允许撤销原来的假设及由它推出的全部结论。基于非单调逻辑的推理为非单调逻辑推理,或非单调推理。

非单调推理至少适用于以下场合:

(1)在问题求解之前,因信息缺乏先做一些临时假设,而在问题求解过程中根据实际情况再对假设进行修正。

(2)非完全知识库。随着知识的不断获取,知识数目渐增,则可能出现非单调现象。例如,设初始知识库有规则:

$$\forall x(\text{bird}(x) \rightarrow \text{fly}(x))$$

即"所有的鸟都能飞"。后来得到了事实：

$$\text{bird}(\text{osrtich})$$

即"鸵鸟是一种鸟"。如果再将这条知识加入知识库就出现了矛盾，因为鸵鸟不会飞。这就需要对原来的知识进行修改。

（3）动态变化的知识库。常见的非单调推理有缺省推理和界限推理。由于篇幅有限，对这两种推理不进行详细介绍，有兴趣的读者可以参阅相关专著。

5.2 概率贝叶斯方法

5.2.1 简单贝叶斯推理

如果用 $P(A)$ 表示随机事件 A 发生的概率，即 $P(A)$ 表示了事件 A 发生的可能性大小。然而，$P(A)$ 的数值并不表示事件 A 一定发生或者一定不发生，即 $P(A)$ 表示事件 A 的发生具有了天然的不确定性。

定义 5.4 假设 A 与 B 是一个随机试验中的两个事件，如果在事件 B 已经发生的条件下，考虑事件 A 发生的概率，称事件 A 的条件概率，记为 $P(A|B)$。

定义 5.5 设事件 $A_1, A_2, \cdots, A_n$ 是彼此独立的事件，即两两互不兼容，$P(A_i) > 0 (i = 1, 2, \cdots, n)$，则事件 B 发生的概率可以用全概率公式来表示，即

$$P(B) = \sum_{i=1}^{n} P(A_i) P(B|A_i) \tag{5-3}$$

定理 5.1 若事件 $A_1, A_2, \cdots, A_n$ 是两两互不相容的独立事件，且 $P(A_i) > 0 (i = 1, 2, \cdots, n)$，则任何事件 A_i 在 B 亦发生的情况下的后验概率将满足如下 Bayes(贝叶斯)公式，即

$$P(A_i|B) = \frac{P(A_i) P(B|A_i)}{\sum_{k=1}^{n} P(A_k) P(B|A_k)} \quad (i = 1, 2, \cdots, n) \tag{5-4}$$

由全概率公式，又可得

$$P(A_i|B) = \frac{P(A_i) P(B|A_i)}{P(B)} \quad (i = 1, 2, \cdots, n) \tag{5-5}$$

式中，$P(A_i)$ 为事件 A_i 的先验概率；$P(B|A_i)$ 是在事件 A_i 发生的条件下的条件概率。该定理就是著名的 Bayes 定理。

【例 5-6】 设 A_1, A_2, A_3 分别为 3 种可能情况，且已知 $P(A_1) = 0.5, P(A_2) = 0.3, P(A_3) = 0.4$，设在上述各个情况分别出现时，获取判据 C 将出现的条件概率如下：$P(C|A_1) = 0.4, P(C|A_2) = 0.5, P(C|A_3) = 0.3$。

请求解在条件 C 出现时，各个事实亦出现的可能性。

解 依据 Bayes 公式，则在条件 C 出现时，A_1 出现的可能性可推理计算如下：

$$P(A_1|C) = \frac{P(A_1) P(C|A_1)}{\sum_{k=1}^{3} P(A_k) P(C|A_k)} = \frac{0.5 \times 0.4}{0.5 \times 0.4 + 0.3 \times 0.5 + 0.4 \times 0.3} = 0.43$$

同理,可计算得到 $P(A_2|C) = 0.32$;而 $P(A_3|C) = 0.26$。

这个方法能够推广用于多个证据和多个结论的推理中:假设支持的证据分别为 $C_1, C_2, \cdots, C_m$,结论为 $R_1, R_2, \cdots, R_n$,每个证据都在一定程度上支持所有结论,可以通过推广的公式来进行不确定性推理,即采用与上述类似的公式,分别计算它们各自的后验概率 $P(R_i | (C_1, C_2, \cdots, C_m))$ 即可。

5.2.2 主观贝叶斯方法

1976 年杜达(R. O. Duda)和哈特(P. E. Hart)等人在 Bayes 公式的基础上经适当改进提出了主观 Bayes 方法,建立了相应的不确定性推理模型,并在地矿勘探专家系统 PROSPECTOR 中得到了成功的应用。

主观 Bayes 方法的主要优点如下:

(1)主观 Bayes 方法中的计算公式大多是在概率理论的基础上推导出来的,具有较坚实的理论基础。

(2)知识的静态强度 LS 及 LN 是由领域专家根据实践经验给出的,这就避免了大量的数据统计工作。另外,它既用 LS 指出了证据 E 对结论 H 的支持程度,即指出了 E 对 H 的充分性程度,又用 LN 指出了 E 对 H 的必要性程度,这就比较全面地反映了证据与结论间的因果关系,符合现实世界中某些领域的实际情况,使推出的结论比较准确。

(3)主观 Bayes 方法不仅给出了在证据肯定存在或肯定不存在情况下由 H 的先验概率更新为后验概率的方法,而且还给出了在证据不确定情况下更新先验概率为后验概率的方法。另外,由其推理过程可以看出,它确实实现了不确定性的逐级传递。因此,可以说主观 Bayes 方法是一种比较实用且较灵活的不确定性推理方法。

主观贝叶斯方法的主要缺点如下:

(1)它要求领域专家在给出知识时,同时给出先验概率 $P(H)$,这是比较困难的;

(2)Bayes 定理中关于事件独立性的要求使主观 Bayes 方法的应用受到了限制。

1. 知识不确定性的表示

在主观 Bayes 方法中,知识是用产生式规则表示的,具体形式为:
$$\text{IF} \quad E \quad \text{THEN}(LS, LN) \quad H \quad P(H))$$

其中:

(1)E 是该知识的前提条件。它既可以是一个简单条件,也可以是复合条件。

(2)H 是结论。$P(H)$ 是 H 的先验概率,它指出在没有任何证据的情况下结论 H 为真的概率,即 H 的一般可能性。其值由领域专家根据以往的实践及经验给出。

(3)(LS, LN)为规则强度。其值由领域专家给出。LS, LN 相当于知识的静态强度。其中,LS 被称为规则成立的充分性度量,用于指出 E 对 H 的支持程度,取值范围为 $[0, +\infty]$,其定义为

$$LS = \frac{P(E|H)}{P(E|\neg H)} \tag{5-6}$$

LN 为规则成立的必要性度量,用于指出 $\neg E$ 对 H 的支持程度,即 E 对 H 为真的必要性程度,取值范围为 $[0, +\infty]$,其定义为

$$LN = \frac{P(\neg E|H)}{P(\neg E|\neg H)} = \frac{1 - P(E|H)}{1 - P(E|\neg H)} \qquad (5-7)$$

(LS, LN) 既考虑了证据 E 的出现对其结论 H 的支持,又考虑了证据 E 的不出现对其结论 H 的影响。

2. 证据不确定性的表示

在主观 Bayes 方法中,证据的不确定性也是用概率表示的。例如对于初始证据 E,由用户根据观察 S 给出概率 $P(E|S)$。它相当于动态强度。但由于 $P(E|S)$ 不太直观,因而在具体的应用系统中往往采用符合一般经验的比较直观的方法,如在地矿勘探专家系统 PROSPECTOR 中就引入了可信度的概念,让用户在 -5 至 5 之间的 11 个整数中根据实际情况选一个数作为初始证据的可信度,表示其对所提供的证据可以相信的程度,然后再从可信度 $C(E|S)$ 计算出概率 $P(E|S)$。

可信度 $C(E|S)$ 与概率 $P(E|S)$ 的对应关系如下:

$C(E|S) = -5$,表示在观察 S 下证据 E 肯定不存在,即 $P(E|S) = 0$。
$C(E|S) = 0$,表示观察 S 与证据 E 无关,应该仍然是先验概率,即 $P(E|S) = P(E)$。
$C(E|S) = 5$,表示在观察 S 下证据 E 肯定存在,即 $P(E|S) = 1$。
$C(E|S)$ 为其他数时,与 $P(E|S)$ 的对应关系则通过对上述 3 点进行分段线性插值得到。$C(E|S)$ 与 $P(E|S)$ 的关系式:

$$P(E|S) = \begin{cases} \dfrac{C(E|S) + P(E) \times (5 - C(E|S))}{5} & 0 \leqslant C(E|S) \leqslant 5 \\ \dfrac{P(E) \times (5 + C(E|S))}{5} & -5 \leqslant C(E|S) \leqslant 0 \end{cases}$$

这样,用户只要对初始证据给出相应的可信度 $C(E|S)$,就可由上式将它转换为相应的概率 $P(E|S)$。

3. 组合证据不确定性的算法

当组合证据是多个单一证据的合取时,即

$$E = E_1 \text{ AND } E_2 \text{ AND} \cdots \text{AND } E_n$$

则组合证据的概率取各个单一证据的概率的最小值,即

$$P(E|S) = \min\{P(E_1|S), P(E_2|S), \cdots, P(E_n|S)\}$$

当组合证据是多个单一证据的析取时,即

$$E = E_1 \text{ OR } E_2 \text{ OR} \cdots \text{OR } E_n$$

则组合证据的概率取各个单一证据的概率的最大值,即

$$P(E|S) = \max\{P(E_1|S), P(E_2|S), \cdots, P(E_n|S)\}$$

对于"非"运算,则用下式计算:

$$P(\neg E|S) = 1 - P(E|S)$$

4. 不确定性的传递算法

在主观 Bayes 方法的表示中,$P(H)$ 是专家对结论 H 给出的先验概率,它是在没有考虑任何证据的情况下根据经验给出的。随着新证据的获得,对 H 的信任程度应该有所改变。

主观 Bayes 方法推理的任务就是根据证据 E 的概率 $P(E)$ 及 LS,LN 的值,把 H 的先验概率 $P(H)$ 更新为后验概率 $P(H|E)$ 或 $P(H|\neg E)$。即

$$P(H) \xrightarrow{P(E),LS,LN} P(H|S) \quad \text{或} \quad P(H|\neg E)$$

由于一条知识所对应的证据可能是肯定存在的,也可能是肯定不存在的,或者是不确定的,而且在不同情况下确定后验概率的方法不同,所以下面分别进行讨论。

(1) 证据肯定存在的情况

当证据肯定存在时,$P(E) = P(E|S) = 1$。

由 Bayes 公式可得,证据 E 成立的情况下,结论 H 成立的概率为

$$P(H|S) = P(E|H) \times P(H)/P(E) \tag{5-8}$$

同理,证据 E 成立的情况下,结论 H 不成立的概率为

$$P(\neg H|E) = P(E|\neg H) \times P(\neg H)/P(E) \tag{5-9}$$

用式(5.8)除以式(5.9),可得

$$\frac{P(H|E)}{P(\neg H|E)} = \frac{P(E|H)}{P(E|\neg H)} \times \frac{P(H)}{P(\neg H)} \tag{5-10}$$

为简洁起见,引入几率(odds)函数 $O(x)$,它与概率函数 $P(x)$ 的关系为

$$O(x) = \frac{P(x)}{P(\neg x)} = \frac{P(x)}{1 - P(x)} \tag{5-11}$$

或者

$$P(x) = \frac{O(x)}{1 + O(x)}$$

概率和几率的取值范围是不同的,概率函数 $P(x) \in [0,1]$,几率函数 $O(x) \in [0,\infty)$。显然,$P(x)$ 与 $O(x)$ 有相同的单调性,若 $P(x_1) < P(x_2)$,则 $O(x_1) < O(x_2)$,反之亦然。可见,虽然几率函数和概率函数有着不同的形式,但一样可以表示证据的不确定性。它们的变化趋势是相同的,当 A 为真的程度越大时,几率函数的值也越大。

由 LS 的定义式(5-6),以及概率与几率的关系式(5-11),可将式(5-10)写为 Bayes 修正公式:

$$O(H|E) = LS \times O(H) \tag{5-12}$$

这就是当证据肯定存在时,把先验几率(prior odds)$O(H)$ 更新为后验几率(posterior odds)$O(H|E)$ 的计算公式。如果用式(5-6)把几率换成概率,就可得到

$$P(H|E) = \frac{LS \times P(H)}{(LS-1) \times P(H) + 1} \tag{5-13}$$

这是把先验概率 $P(H)$ 更新为后验概率 $P(H|E)$ 的计算公式。

由以上讨论可以看出规则成立的充分性度量 LS 的意义:

① 当 $LS > 1$ 时,由式(5-12)可得

$$O(H|E) > O(H)$$

由 $P(x)$ 与 $O(x)$ 具有相同的单调性,可知
$P(H|E) > P(H)$

这表明,当 $LS > 1$ 时,由于证据 E 的存在,将增大结论 H 为真的概率,而且 LS 越大,$P(H|E)$ 就越大,即 E 对 H 为真的支持越强。当 $LS \to \infty$ 时,$O(H|E) \to \infty$,即 $P(H|E) \to 1$,表明由于证据 E 的存在,将导致 H 为真。由此可见,E 的存在对 H 为真是充分的,故称 LS

为规则成立的充分性度量。

②当 $LS=1$ 时,由式(5-12)可得
$$O(H|E)=O(H)$$

这表明 E 与 H 无关。

③当 $LS<1$ 时,由式(5-12)可得
$$O(H|E)<O(H)$$

这表明,由于证据 E 的存在,将使 H 为真的可能性下降。

④当 $LS=0$ 时,由式(5-12)可得
$$O(H|E)=0$$

这表明,由于证据 E 的存在,将使 H 为假。

上述关于 LS 的讨论可作为领域专家为 LS 赋值的依据。当证据 E 愈是支持 H 为真时,应使相应 LS 的值愈大。

(2)证据肯定不存在的情况

当证据肯定不存在时,$P(E)=P(E|S)=0,P(\neg E)=1$。

由于
$$P(H|\neg E)=P(\neg E|H)\times P(H)/P(\neg E)$$
$$P(\neg H|\neg E)=P(\neg E/\neg H)\times P(\neg H)/P(\neg E)$$

两式相除得到
$$\frac{P(H|\neg E)}{P(\neg H|\neg E)}=\frac{P(\neg E|H)}{P(\neg E|\neg H)}\times\frac{P(H)}{P(\neg H)}$$

由 LN 的定义式(5-7),以及概率与几率的关系式(5-11),可将上式写为 Bayes 修正公式
$$O(H|\neg E)=LN\times O(H) \quad (5-14)$$

这就是当证据 E 肯定不存在时,把先验几率 $O(H)$ 更新为后验几率 $O(H|\neg E)$ 的计算公式。如果用式(5-11)把几率换成概率,就可得到
$$P(H|\neg E)=\frac{LN\times P(H)}{(LN-1)\times P(H)+1} \quad (5-15)$$

这是把先验概率 $P(H)$ 更新为后验概率 $P(H|\neg E)$ 的计算公式。

由以上讨论可以看出规则成立的必要性度量 LN 的意义:

①当 $LN>1$ 时,由式(5-14)可得
$$O(H|\neg E)>O(H)$$

由 $P(x)$ 与 $O(x)$ 具有相同的单调性,可知
$$P(H|\neg E)>P(H)$$

这表明,当 $LN>1$ 时,由于证据 E 不存在,将增大结论 H 为真的概率,而且 LN 越大,$P(H|\neg E)$ 就越大,即 $\neg E$ 对 H 为真的支持越强。当 $LN\to\infty$ 时,$O(H|\neg E)\to\infty$,即 $P(H|\neg E)\to 1$,表明由于证据 E 不存在,将导致 H 为真。

②当 $LN=1$ 时,由式(5-14)可得
$$O(H|\neg E)=O(H)$$

这表明 $\neg E$ 与 H 无关。

③当 $LN < 1$ 时,由式(5-14)可得
$$O(H|\neg E) < O(H)$$
这表明,由于证据 E 不存在,将使 H 为真的可能性下降,或者说由于证据 E 不存在,将反对 H 为真。由此可以看出 E 对 H 为真的必要性。

④当 $LN = 0$ 时,由式(5-14)可得
$$O(H|\neg E) = 0$$
这表明,由于证据 E 不存在,将导致 H 为假。由此也可以看出 E 对 H 为真的必要性,故称 LN 为规则成立的必要性度量。

依据上述讨论,领域专家可为 LN 赋值,若证据 E 对 H 愈是必要,则相应 LN 的值愈小。

另外,由于 E 和 $\neg E$ 不可能同时支持 H 或同时反对 H,所以在一条知识中的 LS 和 LN 一般不应该出现如下情况中的任何一种:

① $LS > 1, LN > 1$。
② $LS < 1, LN < 1$。

只有如下3种情况存在:

① $LS > 1$ 且 $LN < 1$。
② $LS < 1$ 且 $LN > 1$。
③ $LS = LN = 1$。

【例5-7】 设有如下知识:

R_1: IF E_1 THEN (10,1) H_1 (0.03)
R_2: IF E_2 THEN (20,1) H_2 (0.05)
R_3: IF E_3 THEN (1,0.002) H_3 (0.3)

求:当证据 E_1,E_2,E_3 存在及不存在时,$P(H_i|E_i)$ 及 $P(H_i|\neg E_i)$ 的值各是多少?

解 由于 R_1 和 R_2 中的 $LN = 1$,所以 E_1 与 E_2 不存在时对 H_1 和 H_2 不产生影响,即不需要计算 $P(H_1|\neg E_1)$ 和 $P(H_2|\neg E_2)$;因它们的 $LS > 1$,所以在 E_1 与 E_2 存在时需要计算 $P(H_1|E_1)$ 和 $P(H_2|E_2)$。由式(5-13)可计算 $P(H_1|E_1)$ 和 $P(H_2|E_2)$。

后验概率:
$$P(H_1|E_1) = \frac{LS_1 \times P(H_1)}{(LS_1 - 1) \times P(H_1) + 1} = \frac{10 \times 0.03}{(10-1) \times 0.03 + 1} = 0.24$$

$$\frac{P(H_1|E_1)}{P(H_1)} = \frac{0.24}{0.03} = 8$$

$$P(H_2|E_2) = \frac{LS_2 \times P(H_2)}{(LS_2 - 1) \times P(H_2) + 1} = \frac{20 \times 0.05}{(20-1) \times 0.05 + 1} = 0.51$$

$$\frac{P(H_2|E_2)}{P(H_2)} = \frac{0.51}{0.05} = 10.2$$

由此可以看出,由于 E_1 的存在使 H_1 为真的可能性比先验概率增加了7倍;由于 E_2 的存在使 H_2 为真的可能性增加了9倍多。

对于 R_3,由于 $LS = 1$,所以 E_3 的存在对 H_3 无影响,不需要计算 $P(H_3|E_3)$,但因它的 $LN < 1$,所以当 E_3 不存在时需计算 $P(H_3|\neg E_3)$。

由公式(5-15)可计算 $P(H_3|\neg E_3)$:
$$P(H_3|\neg E_3) = \frac{LN_3 \times P(H_3)}{(LN_3 - 1) \times P(H_3) + 1} = \frac{0.002 \times 0.3}{(0.002-1) \times 0.3 + 1} = 0.000\,86$$

$$\frac{P(H_3)}{P(H_3|\neg E_3)} \approx 350$$

由此可以看出,由于 E_3 不存在,使 H_3 为真的可能性削弱了近 350 倍。

【例 5-8】 设有如下知识:

$R_1: E_1 \to H \quad LS_1 = 20 \quad LN_1 = 1$

$R_2: E_2 \to H \quad LS_2 = 300 \quad LN_2 = 1$

$P(H) = 0.03$

若 E_1, E_2 依次出现,求 $P(H|E_1, E_2)$ 的值。

解

$$P(H|E_1) = \frac{LS_1 \times P(H)}{(LS_1 - 1) \times P(H) + 1} = \frac{20 \times 0.03}{(20-1) \times 0.03 + 1} = 0.382$$

$$P(H|E_1, E_2) = \frac{LS_2 \times P(H|E_1)}{(LS_2 - 1) \times P(H|E_1) + 1} = \frac{300 \times 0.382}{(300-1) \times 0.382 + 1} = 0.9946$$

(3) 证据不确定的情况

上面讨论了在证据肯定存在和肯定不存在情况下把 H 的先验概率更新为后验概率的方法。在现实中,这种证据肯定存在和肯定不存在的极端情况是不多的,更多的是介于两者之间的不确定的情况。这是因为,对初始证据来说,由于客观事物或现象是不精确的,所以用户所提供的证据是不确定的;另外,一条知识的证据往往来源于由另一条知识推出的结论,一般也具有某种程度的不确定性。例如,用户告知只有 60% 的把握说明证据 E 是真的,这就表示初始证据 E 为真的程度为 0.6,即 $P(E|S) = 0.6$,这里 S 是对 E 的有关观察。现在要在 $0 < P(E|S) < 1$ 的情况下确定 H 的后验概率 $P(H|S)$。

在证据不确定的情况下,不能再用上面的公式计算后验概率,而要用杜达等人在 1976 年证明了的如下公式:

$$P(H|S) = P(H|E) \times P(E|S) + P(H|\neg E) \times P(\neg E|S) \quad (5-16)$$

下面分 4 种情况讨论这个公式。

① $P(E|S) = 1$

当 $P(E|S) = 1$ 时,$P(\neg E|S) = 0$。此时式(5-11)变为

$$P(H|S) = P(H|E) = \frac{LS \times P(H)}{(LS - 1) \times P(H) + 1}$$

这就是证据肯定存在的情况。

② $P(E|S) = 0$

当 $P(E|S) = 0$ 时,$P(\neg E|S) = 1$。此时式(5.16)变为

$$P(H|S) = P(H|\neg E) = \frac{LN \times P(H)}{(LN - 1) \times P(H) + 1}$$

这就是证据肯定不存在的情况。

③ $P(E|S) = P(E)$

当 $P(E|S) = P(E)$ 时,表示 E 与 S 无关。利用全概率公式

$$P(B) = \sum_{i=1}^{n} P(A_i)(B|A_i)$$

可将式(5-16)变为

$$P(H|S) = P(H|E) \times P(E) + P(H|\neg E) \times P(\neg E) = P(H)$$

④ $P(E|S)$ 为其他值

当 $P(E|S)$ 为其他值时，通过分段线性插值就可得到计算 $P(H|S)$ 的公式：

$$P(H|S) = \begin{cases} P(H|\neg E) + \dfrac{P(H) - P(H|\neg E)}{P(E)} \times P(E|S) & 0 \leqslant P(E|S) < P(E) \\ P(H) + \dfrac{P(H|E) - P(H)}{1 - P(E)} \times [P(E|S) - P(E)] & P(E) \leqslant P(E|S) \leqslant 1 \end{cases}$$

该公式被称为 EH 公式或 UED 公式。

对于初始证据，由于其不确定性是用可信度 $C(E|S)$ 给出的，此时只要把 $P(E|S)$ 与 $C(E|S)$ 的对应关系转换公式代入 EH 公式，就可得到用可信度 $C(E|S)$ 计算 $P(H|S)$ 的公式：

$$P(H|S) = \begin{cases} P(H|\neg E) + [P(H) - P(H|\neg E)] \times \left[\dfrac{1}{5}C(E|S) + 1\right] & C(E|S) \leqslant 0 \\ P(H) + [P(H|E) - P(H)] \times \dfrac{1}{5}C(E|S) & C(E|S) > 0 \end{cases}$$

该公式被称为 CP 公式。

这样，当用初始证据进行推理时，根据用户告知的 $C(E|S)$，通过运用 CP 公式就可求出 $P(H|S)$；当用推理过程中得到的中间结论作为证据进行推理时，通过运用 EH 公式就可求出 $P(H|S)$。

5. 结论不确定性的合成算法

若有 n 条知识都支持相同的结论，而且每条知识的前提条件所对应的证据 $E_i(i=1,2,\cdots,n)$ 都有相应的观察 S_i 与之对应，则只要先对每条知识分别求出 $O(H|S_i)$，就可运用以下公式求出 $O(H|S_1, S_2, \cdots, S_n)$。

$$O(H|S_1, S_2, \cdots, S_n) = \dfrac{O(H|S_1)}{O(H)} \times \dfrac{O(H|S_2)}{O(H)} \times \cdots \times \dfrac{O(H|S_n)}{O(H)} \times O(H) \quad (5-17)$$

为了熟悉主观 Bayes 方法的推理过程，下面给出一个例子。

【例 5-9】 设有如下知识：

R_1: IF E_1 THEN (2, 0.001) H_1
R_2: IF E_2 THEN (100, 0.001) H_1
R_3: IF H_1 THEN (200, 0.01) H_2

已知：$O(H_1) = 0.1$, $O(H_2) = 0.01$, $C(E_1|S_1) = 2$, $C(E_2|S_2) = 1$，求 $O(H_2|S_1, S_2)$。

解

$$P(H_1) = \dfrac{O(H_1)}{1 + O(H_1)} = \dfrac{0.1}{1 + 0.1} = 0.09$$

$$P(H_1|E_1) = \dfrac{O(H_1|E_1)}{1 + O(H_1|E_1)} = \dfrac{LS_1 \times O(H_1)}{1 + LS_1 \times O(H_1)} = \dfrac{2 \times 0.1}{1 + 2 \times 0.1} = 0.17$$

因为 $C(E_1|S_1) = 2 > 0$，所以使用 CP 公式的下半段计算 $P(H_1|S_1)$。

$$P(H_1|S_1) = P(H_1) + [P(H_1|E_1) - P(H_1)]\dfrac{1}{5}C(E_1|S_1)$$

$$= 0.09 + (0.17 - 0.09) \times \dfrac{2}{5}$$

$$= 0.122$$

$$P(H_1|E_2) = \frac{O(H_1|E_2)}{1+O(H_1|E_2)} = \frac{LS_2 \times O(H_1)}{1+LS_2 \times O(H_1)} = \frac{100 \times 0.1}{1+100 \times 0.1} = 0.91$$

因为 $C(E_2|S_2) = 1 > 0$，所以使用 CP 公式的下半段计算 $P(H_1|S_2)$。

$$P(H_1|S_2) = P(H_1) + [P(H_1|E_2) - P(H_1)]\frac{1}{5}C(E_2|S_2)$$

$$= 0.09 + (0.91 - 0.09) \times \frac{1}{5}$$

$$= 0.254$$

$$O(H_1|S_2) = \frac{P(H_1|S_2)}{1-P(H_1|S_2)} = \frac{0.254}{1-0.254} = 0.34$$

计算 $O(H_1|S_1, S_2)$。

$$O(H_1|S_1, S_2) = \frac{O(H_1|S_1)}{O(H_1)}\frac{O(H_1|S_2)}{O(H_1)}O(H_1) = \frac{0.14}{0.1}\frac{0.34}{0.1} \times 0.1 = 0.476$$

计算 $P(H_2|S_1, S_2)$ 及 $O(H_2|S_1, S_2)$。

为了确定应用 EH 公式的哪一部分，需要判断 $P(H_1)$ 及 $P(H_1|S_1, S_2)$ 的大小关系。

因为 $O(H_1|S_1, S_2) = 0.476$，$O(H_1) = 0.1$，显然 $O(H_1|S_1, S_2) > O(H_1)$，所以 $P(H_1|S_1, S_2) > P(H_1)$。

选用 EH 公式的下半段，即

$$P(H_2|S_1, S_2) = P(H_2) + \frac{P(H_1|S_1, S_2) - P(H_1)}{1-P(H_1)}[P(H_2|H_1) - P(H_2)]$$

因为

$$P(H_2) = \frac{O(H_2)}{1+O(H_2)} = \frac{0.01}{1+0.01} = 0.01$$

$$P(H_1|S_1, S_2) = \frac{O(H_1|S_1, S_2)}{1+O(H_1|S_1, S_2)} = \frac{0.476}{1+0.476} = 0.32$$

$$P(H_2|H_1) = \frac{O(H_2|H_1)}{1+O(H_2|H_1)} = \frac{LS_3 \times O(H_2)}{1+LS_3 \times O(H_2)} = \frac{200 \times 0.01}{1+200 \times 0.01} = 0.67$$

可得

$$P(H_2|S_1, S_2) = 0.01 + \frac{0.32 - 0.09}{1 - 0.09} \times (0.67 - 0.01) = 0.175$$

所以

$$O(H_2|S_1, S_2) = \frac{P(H_2|S_1, S_2)}{1-P(H_2|S_1, S_2)} = \frac{0.175}{1-0.175} = 0.212$$

H_2 原先的几率是 0.01，通过运用知识 R_1，R_2，R_3 及初始证据的可信度 $C(E_1|S_1)$ 和 $C(E_2|S_2)$ 进行推理，最后算出 H_2 的后验几率是 0.212，相当于几率增加了 20 多倍。

5.3 非单调推理

5.3.1 单调推理与非单调推理

单调推理是指为真的语句的数目随时间而严格增加,新语句的加入、新定理的证明都不会引起已有语句或定理变成无效。谓词逻辑中的推理就是单调推理。

非单调推理是相对经典逻辑的单调性而言的,是指在系统中为真的语句数目并非随时间而严格增加,新加入的语句或定理可能引起已有语句或定理变成无效。默认推理、常识推理都是非单调推理。

就经典的一阶谓词逻辑来说,它的单调性表现为:若 A 和 B 都是系统内的公式,且 A 可推出 W,记作 $A \models W$,则 A 加上新知识 B 后仍可推出 W,记作 $A \cup B \models W$。这意味着新增加的信息并不影响原有推理的有效性。然而,非单调逻辑却认为,上述思想与实际情况并不符合,增加新知识恰恰可能导致原有逻辑结论有效性的改变。所谓"非单调性"说的正是这个意思。

我们需要非单调推理的主要原因是:

(1)由于缺乏完全的知识,只好对部分问题做暂时的假设,而这些假设可能是对的,也可能是错的。若是错了要能够在某一时刻得到修正,这就需要非单调推理。

(2)客观世界变化太快,某一时刻的知识不能持久使用,这也需要非单调推理来维护知识库的正确性。

非单调推理的实现是一项很困难的工作。其难点在于:每当从知识库中消除一个语句 A 时,则其中依赖于 A 而导出的定理 $B_1, B_2, \cdots, B_n$,均随之不成立,从而又引起一切依赖于 $B_i (i=1,2,\cdots,n)$ 而导出的定理 $C_1, C_2, \cdots, C_n$ 也不成立,如此连锁反应,可以导致整个系统发生非常大的变化。

如何保证系统不会将它的时间全部花在传递这种变化上是一个关键问题。面向从属关系的回溯是一种解决方法。

5.3.2 非单调推理系统

Doyle 的正确性维护系统 TMS 是一个已经实现了的非单调推理系统。它可以用于协助其他推理程序维持系统的正确性,所以它的作用不是生成新的定理,而是保持其他程序所产生的命题之间的相容性,从而保持知识的一致性。

1. TMS 的根据

人们的行为建立在当前信念集的基础上,而信念集是在不断非单调地修改着的。传统(单调)逻辑观念将每一个信念看成孤立的命题。信念之间是通过语义相联系的,而语义并不明显表示在系统中,TMS 试图将语义联系明显表示出来。

在单调系统中,控制问题,即下步做什么的问题并不是难点,因为增加推理规则和公理只是增加了可能的推理方法和路径的数目,而不用考虑要避免去做某些推理。非单调推理则必须考虑控制问题。TMS 把推理规则集表示成推理者自己的信念。这样控制问题就变成了:

"Look at yourself as an objects(as a set of beliefs), and choose what(new set of objects) you would like to become."

不论推理者的目的是什么,如求解问题、寻找答案、采取每个行动等,都是通过信念指导的,根据信念的要求去构造一个推理。所以,TMS 的作者认为思维的真正组成是当前的理由集合,任何信念都来自于一定的理由,信念绝不会独立存在。这也说明研究合理的思维和推理,应研究当前已证实了的信念和经过推理的论点,而不必管原来对问题的肯定或否定。

人类有时也存在脱离于理由的信念,TMS 不考虑这种情况。

2. 信念的状态

TMS 的一个命题 P 可取二种状态:

(1) P 处于 In 状态(in the current set of beliefs):若至少有一个当前可接受的理由,则说它是当前信念集中的一个成员;

(2) P 处于 Out 状态(out the current set of beliefs):若没有当前可接受的理由或存在理由,则说它不是当前信念集中的一个成员。

P 处于 In 状态为相信为真,P 处于 Out 状态为不相信为真。

3. TMS 信念的状态与多值逻辑的比较

(1) 二值逻辑

以客观的真、假分为两类,它与信念无关。

(2) 三值逻辑

真:相信 P。

假:相信 $\neg P$。

未知:既不相信 P,也不相信 $\neg P$。

(3) 四值逻辑

在三值的基础上再加上矛盾,即既相信 P,也相信 $\neg P$。

TMS 认为矛盾应作为一个状态,尽管这是暂时的,但对处理而言尚需一定时间,所以专门设有一个矛盾(contradictor)项。

4. TMS 中信念的表示方法

TMS 用节点表示信念,若该节点表示的信念为 In 状态,称其为 In 节点;若该节点表示的信念为 Out 状态,称其为 Out 节点。

每个节点都有一组论据,即信念的理由。信念的理由称证实(justification),由一组其他的信念组成。若这组理由每一个均有效,则它们所说明的信念也有效。这样,对理由的分析存在两种情况:

(1) 在信念间循环论证,这是要消除的;

(2) 存在一些基本类型的信念,这是证实其他信念的基础。

为此引入以下两个概念。

前提(premise):被信任,不需要任何理由。

假设(assumption):也属当前信念集中的一员,但它的理由依赖于当前信念集之外的信念。

默认推理就属于"假设"这一类型。

5. TMS 中的证实和推理

在 TMS 中,理由被表示成证实表的形式。证实表只在有效时才能起到证实的作用。TMS 采用两种证实表:支持表证实 SL(support-list justification)和条件证明的证实 CP(conditional-proof justification)。

(1) 支持表证实 SL

一个支持表证实 SL 的形式为

(SL(Inlist)(Outlist))

一个 SL 是有效的,当且仅当在检查时它的(Inlist)中各节点处于 In 状态,它的(Outlist)中各节点处于 Out 状态。

【例 5-10】 设有节点:

(1)现在是冬天(SL( )( ))

(2)天气是寒冷的(SL(1)(3))

(3)天气是温暖的

在这些节点中,节点(1)中 SL 证实两个表均为空,说明不需要证实就相信,所以节点(I)属"前提"一类的信念,即为 In;节点(3)无任何证实(理由),因此节点(3)处于 Out 状态;节点(2)的状态依赖于当前信念集以外的信念(即节点(3)),所以是属于"假设"这一类的信念。由于(1)为 In,(3)为 Out,所以(2)的 SL 有效,即(2)为 In,这与谓词逻辑有点相似。

在"假设"的 SL 证实中 Outlist 中的节点表示对被证实命题的否定。如例 5-2 中,节点(2)中的 Outlist 中的节点(3),说明了假设的特定条件。由此可见,"假设"一定具有非空的 Outlist。如果在特殊情况下有证实能够说明节点(3)有效,则(3)为 In,引起(2)变成 Out。TMS 就是以这种方式支持非单调推理的。

【例 5-11】 关于参加聚会有如下 TMS 节点:

(1)送鲜花(SL(2)(3))

(2)参加聚会

(3)宴会女主人对花过敏

这 3 个节点说明,参加聚会,如果没有说明女主人对花过敏,就给女主人送鲜花;如果知道女主人对花过敏,则节点(3)的状态为 In,此时,会引起节点(1)为 Out,那么该问题的结论是不给女主人送鲜花。至于这些节点和证实的产生,是由其他的问题求解程序负责完成的。TMS 只是当问题求解程序在新生成的信念与原有信念产生矛盾时才被调用。TMS 使用自己的非单调推理机制和面向从属关系的回溯去修改最小信念集,以消除矛盾。

(2) 条件证明的证实 CP

条件证明的证实的形式为

(CP 结论 (IN 假设) (OUT 假设))

也可记为

(CP C IH OH)

条件证明的证实的含义为:无论何时当 IH 表中的节点处于 IN 状态,且 OH 表中的节点处于 OUT 状态时,C 也为 IN 状态,则 CP 有效。

当 OH 为空时,CP 节点相当于谓词逻辑中的蕴涵。一般情况下,OH 为空,但也有极少情况会出现 OH 不为空的 CP 节点。

(3) CP 与 SL 的区别

SL 的有效性依赖于 Inlist 与 Outlist 中节点的当前状态,而 CP 的有效性与 IH 和 OH 中节点当前状态无关,因为它只是记录一个逻辑推导,推导本身的成立与 CP 中节点当前所处状态无关。那么,为什么需要 CP 节点呢? 这可以通过下面的例子来说明。

【例 5 – 12】 一个制订计划的系统。

首先假设在星期三举行会议,得到下述节点:

(1) Day(meeting) = Wednesday(SL ( ) (2))

(2) Day(meeting) ≠ Wednesday

此时还不知是否有理由断定会议不能定在星期三。系统在经过某些推理后,得到了会议在某一天的具体时间,其理由是标号为 57,103,45 的节点所代表的命题,所以有节点:

(3) Time(meeting) = 14.00(SL (57,103,45) ( ))

然后,系统又发现星期三下午两点不合适,于是产生节点:

(4) Contradiction(SL (1,3) ( ))

这时要调用 TMS 来消除矛盾,TMS 用回溯机制产生一个不相容节点,来说明不相容的假设集,这个节点为

(5) Nogood(CP4 (1,3) ( ))

为了消除矛盾,TMS 从不相容集中选一个假设节点使其为 Out 消除矛盾。这里若要使(1)变成 Out,只要使(2)变 In 即可,于是有:

(1) Day(meeting) = Wednesday (SL ( ) (2))

(2) Day(meeting) ≠ Wedncsday (SL (5) ( ))

(3) Time(meeting) = 14.00 (SL (57,103,45) ( ))

(4) Contradiction (SL (1,3) ( ))

(5) Nogood (CP4 (1,3) ( ))

若(5)不使用 CP 而改为:

(5) Nogood (SL (4) ( ))

各节点状态将经历如下变化:

(2)→In => (1)→Out => (4)→Out => (5)→Out => (2)→Out => (1)→In => (4)→In

还是引起矛盾。而用(CP4(1,3)( ))就保证了(5)永远为 In,即(2)也为 In,(1)就永远为 Out。

用 TMS 来维护知识库,可以使知识库不至于把大量时间花在修改已过时的知识上。

6. 面向从属关系的回溯

非面向从属关系的回溯是指当产生矛盾时,不管前面所做的工作与矛盾是否有关系,一律取消重来。例如前述的会议安排问题,当产生矛盾时就要整个从日期、时间上重新

安排。

面向从属关系的回溯是指当产生矛盾时,只需要修改与矛盾有关的假设。

在 TMS 中利用了如下一些从属关系和术语:

(1)支持状态

支持状态指节点当前的状态。

(2)支持证实

TMS 从每个 In 节点 A 的证实集中挑出一个证实,以便构成对 A 的非循环证实,In 节点起证实作用,Out 节点不起证实作用。

(3)支持点

支持点指 TMS 用来决定某一节点状态的节点集,不同的节点有不同的支持点。

①对 In 节点,支持点为它支持证实中一切 Inlist 和 Outlist 中的节点;

②对 Out 节点,TMS 从每个证实中的 Inlist 中挑出一个 Out 节点;

③对 SL 证实,挑出 Inlist 中的 Out 节点或 Outlist 中的 In 节点;

④对 CP 证实,挑出 IH 或 C 中的 Out 节点或 OH 中的 In 节点。

(4)前提(antecedents)

对 In 节点的前提等于支持点,对 Out 节点无前提。

(5)基础(foundation)

一个节点的基础是它的前提的传递闭包,即节点的前提、前提的前提形成传递闭包(repercussions)。根据前提的定义,只有 In 节点才有基础。

(6)结论(consequences)

一个节点 A 的结论集是一些节点的集合,它们的证实集中的一个证实含 A。

(7)受影响结论(affected-consequences)

在 A 的结论中支持点中含 A。

结论与受影响结论的区别是:结论是指所有证实中有一证实含 A 节点,受影响结论是指真正起作用的证实中含 A 的点。

(8)影响集

受影响结论的传递闭包。

7. 条件证明的判断

当 CP 节点的结论为 C,IH 假设、OH 假设分别为 In、In,并且 Out 状态时,马上可判断 CP 为有效。当不具备这些条件时,如何判断 CP 的有效呢?

一种方法是改变 CP 中假设的支持状态和它们的影响集,以建立一个假设的情况。在这种情况下,再去查结论 C 是否为 In。但这样人为地改变 CP 中假设的支持状态和它们的影响集本身,又可能要求做进一步的 CP 检查,这样下去会使情况变得十分复杂。

TMS 采用的方法是近似算法:在 CP 节点上附一等价的 SL,无论何时要判断 CP 的有效性,只需根据等价的 SL 来决定。

下面要讨论一下等价的 SL 如何产生。

找出那些支持 CP 结论,但本身又不依赖 CP 的 IH 和 OH 的节点集 N,因为 IH 和 OH 总是假定分别为 In 和 Out 时再看结论成立与否,所以需要排除 IH 和 OH 中的节点。这等于要求 N 是这样一些节点:

(1) $N \in CP$ 中结论的基础。

这只有假定结论为 In 时才有结论的基础。但结论的基础中可能包含 IH 和 OH 中的点,所以又要求(2)。

(2) 从结论基础中除去 IH 和 OH 中的点。

结论基础中还可能包含 IH 和 OH 的影响集,所以再要求(3)。

(3) 从结论基础中除去那些属于 IH 和 OH 影响集的点 E_i,但是先要将 E_i 的前提中除去 IH 和 OH 中点后保留其余的前提。

(4) 经(1)~(3)所得的集 N,有的点位于 Inlist 中,称 N_{IN};有的点位于 Outlist 中,称 N_{OUT}。这样一来,与 CP 等价的 SL 为:

$$(\mathrm{SL}(N_{IN}) \quad (N_{OUT}))$$

第6章 专家系统

6.1 相关概念

专家系统是基于知识的系统,用于在某种特定的领域中运用领域专家多年积累的经验和专业知识,求解需要专家才能解决的困难问题。专家系统作为一种计算机系统,继承了计算机快速、准确的特点,在某些方面比人类专家更可靠、更灵活,可以不受时间、地域及人为因素的影响。所以,专家系统的专业水平能够达到甚至超过人类专家的水平。

专家系统的奠基人斯坦福大学的费根鲍姆(E. A. Feigenbaum)教授,把专家系统定义为:"专家系统是一种智能的计算机程序,它运用知识和推理来解决只有专家才能解决的复杂问题。"也就是说,专家系统是一种模拟专家决策能力的计算机系统。

6.1.1 专家系统的类型

若按专家系统的特性及功能分类,专家系统可分为10类。

1. 解释型专家系统

解释型专家系统能根据感知数据,经过分析、推理,从而给出相应解释,例如化学结构说明、图像分析、语言理解、信号解释、地质解释、医疗解释等专家系统。代表性的解释型专家系统有 DENDRAL,PROSPECTOR 等。

2. 诊断型专家系统

诊断型专家系统能根据取得的现象、数据或事实推断出系统是否有故障,并能找出产生故障的原因,给出排除故障的方案。这是目前开发、应用得最多的一类专家系统,例如医疗诊断、机械故障诊断、计算机故障诊断等专家系统。代表性的诊断型专家系统有 MYCIN,CASNET,PUFF(肺功能诊断系统),PIP(肾脏病诊断系统),DART(计算机硬件故障诊断系统)等。

3. 预测型专家系统

预测型专家系统能根据过去和现在的信息(数据和经验)推断可能发生和出现的情况,例如用于天气预报、地震预报、市场预测、人口预测、灾难预测等领域的专家系统。

4. 设计型专家系统

设计型专家系统能根据给定要求进行相应的设计,例如用于工程设计、电路设计、建筑及装修设计、服装设计、机械设计及图案设计的专家系统。对这类系统一般要求在给定的限制条件下能给出最佳的或较佳的设计方案。代表性的设计型专家系统有 XCON（计算机系统配置系统）、KBVLSI（VLSI 电路设计专家系统）等。

5. 规划型专家系统

规划型专家系统能按给定目标拟定总体规划、行动计划、运筹优化等，适用于机器人动作控制、工程规划、军事规划、城市规划、生产规划等领域。这类系统一般要求在一定的约束条件下能以较小的代价达到给定的目标。代表性的规划型专家系统有 NOAH（机器人规划系统）、SECS（制定有机合成规划的专家系统）、TATR（帮助空军制订攻击敌方机场计划的专家系统）等。

6. 控制型专家系统

控制型专家系统能根据具体情况，控制整个系统的行为，适用于对各种大型设备及系统进行控制。为了实现对控制对象的实时控制，控制型专家系统必须能直接接收来自控制对象的信息，并能迅速地进行处理，及时地做出判断和采取相应行动。控制型专家系统实际上是专家系统技术与实时控制技术相结合的产物。代表性的控制型专家系统是 YES/MVS（帮助监控和控制 MVS 操作系统的专家系统）。

7. 监督型专家系统

监督型专家系统能完成实时的监控任务，并根据监测到的现象做出相应的分析和处理；这类系统必须能随时收集任何有意义的信息，并能快速地对得到的信号进行鉴别、分析和处理。一旦发现异常，能尽快地做出反应，如发出报警信号等。代表性的监督型专家系统是 REACTOR（帮助操作人员检测和处理核反应堆事故的专家系统）。

8. 修理型专家系统

修理型专家系统是用于制定排除某类故障的规划并实施排除的一类专家系统，要求能根据故障的特点制订纠错方案，并能实施该方案排除故障；当制定的方案失效或部分失效时，能及时采取相应的补救措施。

9. 教学型专家系统

教学型专家系统主要适用于辅助教学，并能根据学生在学习过程中所产生的问题进行分析、评价，找出错误原因，有针对性地确定教学内容或采取其他有效的教学手段。代表性的教学型专家系统是 GUIDON（讲授有关细菌传染性疾病方面的医学知识的计算机辅助教学系统）。

10. 调试型专家系统

调试型专家系统用于对系统进行调试，能根据相应的标准检测被检测对象存在的错误，并能从多种纠错方案中选出适用于当前情况的最佳方案，排除错误。

以上分类往往不是很确切，因为许多专家系统不止一种功能。还可以从另外的角度对专家系统进行分类。例如，可以根据专家系统的应用领域进行分类。当前专家系统主要的应用领域有：医学、计算机系统、电子学、工程学、地质学、军事科学、过程控制等。

6.1.2 专家系统的应用

表 6-1 列出了各应用领域的典型专家系统及其功能。

表 6-1 各应用领域的典型专家系统及其功能

领域	系统	功能
医学	MYCIN CASNET PJP INTERNIST PUFF ONCOCIN VM	细菌感染性疾病诊断和治疗 青光眼的诊断和治疗 肾脏病诊断 内科病诊断 肺功能试验结果解释 癌症化学治疗咨询 人工肺小机监控
地质学	PROSPECTOR DIPMETER ADVISOR DRILLING ADVISOR MUD HYDRO ELAS	帮助地质学家评估某一地区的矿物储量 油井记录分析 诊断和处理石油钻井设备的"钻头黏着"问题 诊断和处理同钻探泥浆有关的问题 水源总量咨询 油井记录解释
计算机系统	DART RI/XCON YES/MVS PTRANS IDT	计算机硬件系统故障诊断 配置 VAX 计算机 监控和控制 MVS 操作系统 管理 DEC 计算机系统的建造和配置 定位 PDP 计算机中有缺陷的单元
化学	DENDRAL MOLGEN CRYSALIS SECS SPEX	根据质谱数据来推断化合物的分子结构 DNA 分子结构分析和合成 通过电子云密度图推断一个蛋白质的三维结构 帮助化学家制定有机合成规划 帮助科学家设计复杂的分子生物学的实验
数学	MACSYMA AM	数学问题求解 从基本的数学和集合论中发现概念
工程	SACON DELTA REACTOR	帮助工程师发现结构分析问题的分析策略 帮助识别和排除机车故障 帮助操作人员检测和处理核反应堆事故
军事	AIRPLAN HASP TATR RTC	用于航空母舰周围的空中交通运输计划的安排 海洋声呐信号识别和舰艇跟踪 帮助空军制订攻击敌方机场的计划 通过解释雷达图像进行舰船分类

6.1.3 专家系统的特点

多年来,专家系统迅速发展,应用领域越来越广,解决实际问题的能力越来越强,这是由专家系统的优良性能以及对国民经济的重大作用决定的。具体地说,包括以下几个方面:

(1) 专家系统能够高效率、准确、周到、迅速和不知疲倦地进行工作。

(2) 专家系统解决实际问题时不受周围环境的影响,也不可能遗漏忘记。

(3) 专家系统可以使专家的专长不受时间和空间的限制,以便推广珍贵和稀缺的专家知识与经验。

(4) 专家系统能促进各领域的发展,能总结和精炼各领域专家的专业知识和经验,能够广泛有力地传播专家的知识、经验和能力。

(5) 专家系统能汇集多领域专家的知识和经验以及他们协作解决重大问题的能力,它拥有更渊博的知识、更丰富的经验和更强的工作能力。

(6) 军事专家系统的水平是一个国家国防现代化的重要标志之一。

(7) 专家系统的研制和应用具有巨大的经济效益和社会效益。

(8) 研究专家系统能够促进科学技术的发展。专家系统对人工智能的各个领域的发展起到了很大的促进作用,并将对科技、经济、国防、教育、社会和人民生活产生极其深远的影响。

6.2 结构与工作原理

由专家系统的定义可知,专家系统的主要组成部分是知识库和推理机。实际的专家系统的功能和结构可能彼此有些差异,但完整的专家系统一般应包括知识库、推理机、数据库、人机接口、解释机构和知识获取机构6部分。各部分的关系如图6-1所示。

图 6-1 专家系统的一般结构

专家系统的核心是知识库和推理机,其工作过程是根据知识库中的知识和用户提供的事实进行推理,不断地由已知的事实推出未知的结论即中间结果,并将中间结果放到数据库中,作为已知的新事实进行推理,从而把求解的问题由未知状态转换为已知状态。在专家系统的运行过程中,会不断地通过人机接口与用户进行交互,向用户提问,并向用户做出解释。

下面对专家系统的各个部分进行简单介绍。

6.2.1 知识库

知识库(knowledge base)主要用来存放领域专家提供的专门知识。知识库中的知识来源于知识获取机构,同时它又为推理机提供求解问题所需的知识。

1. 知识表式方式的选择

要建立知识库,首先要选择合适的知识表式方式。对同一知识,一般都可以用多种方法进行表示,但其效果却不同。可根据前文所述的原则选择知识表式方式,即从能充分表示领域知识、能充分有效地进行推理、便于对知识的组织维护和管理、便于理解与实现4个方面进行考虑。

2. 知识库的管理

知识库管理系统负责对知识库中的知识进行组织、检索、维护等。专家系统中任何其他部分要与知识库发生联系,都必须通过该管理系统来完成。这样可实现对知识库的统一管理和使用。

在进行知识库维护时,还要保证知识库的安全性。必须建立严格的安全保护措施,以防止由于操作失误等主观原因使知识库遭到破坏,造成严重的后果。一般知识库的安全保护也可以像数据库系统那样,通过设置口令验证操作者的身份,对不同操作者设置不同的操作权限等技术来实现。

6.2.2 推理机

推理机(reasoning machine)的功能是模拟领域专家的思维过程,控制并执行对问题的求解。它能根据当前已知的事实,利用知识库中的知识,按一定的推理方法和控制策略进行推理,直到得出相应的结论为止。

推理机包括推理方法和控制策略两部分。推理方法有确定性推理和不确定性推理两种。控制策略主要指推理方法的控制及推理规则的选择策略。推理包括正向推理、反向推理和正反向混合推理。推理策略一般还与搜索策略有关。

推理机的性能与构造一般与知识的表示方式有关,但与知识的内容无关,这有利于保证推理机与知识库的独立性,提高专家系统的灵活性。

6.2.3 数据库

数据库又称黑板、综合数据库(global database)或动态数据库,主要用于存放初始事实、问题描述及系统运行过程中得到的中间结果、最终结果等信息。

在开始求解问题时,数据库即为初始数据库,存放的是用户提供的初始事实。数据库的内容随着推理过程的进行而变化,推理机会根据数据库的内容从知识库中选择合适的知识进行推理,并将得到的中间结果存放于数据库中。数据库记录了推理过程中的各种有关信息,又为解释机构提供了回答用户问题的依据。

数据库中还必须具有相应的数据库管理系统,负责对数据库中的知识进行检索、维护等。

6.2.4 人机接口

人机接口(interface)是专家系统与领域专家、知识工程师、一般用户之间进行交互的界面,由一组程序及相应的硬件组成,用于完成输入输出工作。知识获取机构通过人机接口与领域专家及知识工程师进行交互,更新、完善、扩充知识库;推理机通过人机接口与用户交互,在推理过程中,专家系统根据需要不断向用户提问,以得到相应的事实数据,在推理结束时会通过人机接口向用户显示结果;解释机构通过人机接口与用户交互,向用户解释推理过程,回答用户问题。

在输入或输出过程中,人机接口需要内部表示形式与外部表示形式的转换。在输入时,它把领域专家、知识工程师或一般用户输入的信息转换成以系统的内部表示形式表示的信息,然后分别交给相应的机构去处理;输出时,它把系统要输出的信息由内部形式转化为人们易于理解的外部形式显示给用户。

在不同的专家系统中,由于硬件、软件环境不同,接口的形式与功能有较大的差别。随着计算机硬件和自然语言理解技术的发展,有的专家系统已经可以用简单的自然语言与用户交互,但有的系统只能通过菜单方式、命令方式简单问答。

6.2.5 解释机构

解释机构回答用户提出的问题,解释系统的推理过程。解释机构由一组程序组成,它跟踪并记录推理过程,当用户提出的问题需要给出解释时,它将根据问题的要求分别作相应的处理,最后把解答用约定的形式通过人机接口输出给用户。

6.2.6 知识获取机构

知识获取是建造和设计专家系统的关键,也是目前建造专家系统的"瓶颈"。知识获取的基本任务是为专家系统获取知识,建立起健全、完善、有效的知识库,以满足求解领域问题的需要。

知识获取通常是由知识工程师与专家系统中的知识获取机构共同完成的。知识工程师负责从领域专家那里抽取知识,并用适当的方法把知识表达出来,而知识获取机构负责把知识转换为计算机可存储的内部形式,然后把它们存入知识库。在存储过程中,要对知识进行一致性、完整性的检测。

不同的专家系统知识获取的功能与实现方法差别较大,有的系统采用自动获取知识的方法,而有的系统则采用非自动或半自动获取知识的方法。

6.3 知 识 获 取

6.3.1 知识获取的过程

知识获取主要是指把用于问题求解的专门知识从某些知识源中提炼出来,并转化为计算机内表示存入知识库。知识源包括专家、书本、相关数据库、实例研究和个人经验等。当今专家系统的知识源主要是领域专家,所以知识获取的过程需要知识工程师与领域专家反复交流、共同合作完成,如图6-2所示。

图 6-2

6.3.2 知识获取的直接方法

知识获取的直接方法有交谈法、观察法、个案分析法和多维技术等。下面逐一进行介绍。

1. 交谈法

交谈是最常见的获取领域专家知识的方法,特别是在缺乏书面背景材料时,通过交谈可准确捕获和理解领域的概念和专门术语的内涵。知识工程师可以将领域的概念和问题分成不同的主题,针对每一个主题同专家进行集中式交谈。集中式交谈由3部分组成:

(1)专家对目标进行解释,阐述解决问题所需的数据,并将此问题划分成若干子问题。知识工程师从专家系统的实现角度进一步向专家探明问题之间的结构、数据的来源,以及问题求解的步骤。

(2)根据讨论的结果,可以得到新的问题表,逐一对每一个子问题或子目标的相关数据、问题之间的关系和求解方法加以探明。

(3)当表中的问题全部讨论完毕后,知识工程师和专家一起对已获取的信息进行总结和评估。

通过集中式交谈,知识工程师可以大致领会专家对问题的处理方法,并将这些知识和求解问题的方法形式地表述出来。为避免篡改领域知识,还需要进行反馈式交谈,知识工程师将领域知识反馈给专家,专家进行修改和完善,并借此评估知识工程师对领域概念和方法的理解。

为了更准确地获取专家领域知识,可以与不同的专家交谈,然后进行综合评估,把获得的领域知识给另外一个专家进行评估和修改。

2. 观察法

通过观察,知识工程师可以获得有关问题领域的感性认识,从而对问题的复杂性、问题的处理流程,以及涉及的环境因素有一个直观的理解。在专家缺乏足够时间与知识工程师充分交谈的情况下,观察法提供了知识获取的一种基本方法。

(1)直接观察

对于策略性知识,如果脱离具体背景,专家描述与实际使用存在差异。因此,直接观察专家的解题活动将是获取难以言传的知识的一种有效途径。其不足是:不能确定通过观察知识工程师是否真正理解了专家的行为,观察到的知识是否具有典型性,以及是否能够彻底掌握所有可能的情况。

其解决办法是结合交谈和观察两种方法,使二者获取的知识相互补充和完善。另外,通过认真分析专家与用户的对话,可为人机界面的设计提供依据。

(2)学徒式观察

学徒式观察指知识工程师作为一名学徒直接参与到专家处理问题的行为中。通过学徒式观察,知识工程师可以发现理论知识与经验知识之间的差别,了解在复杂环境下专家解题方法的灵活性、合理性和有效性。经过一段时间的学徒式观察,知识工程师可从专家那里得到许多宝贵的知识。

3. 个案分析法

个案分析,指记录专家在处理实际问题时所发生的所有情况,例如在某个时刻,专家正在想什么,哪些现象正引起他的注意,他正试图采用什么方法来解决,为什么遇到故障等。知识工程师将专家叙述的每一个细节都记录下来。研究者发现,专家解决问题的口述记录往往揭示了交谈过程中难以表述的问题求解过程,而且比交谈中描述的策略性知识更具体、更可行。

个案分析法的实质是让专家在现实的问题环境中通过不受约束的情景描述,体现专家实际求解问题的启发式知识。Welbank 认为,个案分析法为理论导出的规则与专家在交谈中描述的知识的比较和校验提供了一种有效手段。

研究表明,通过个案分析法可以了解问题求解的实际过程,通过交谈可以澄清其中的疑问,在实际中综合个案分析法和交谈法可以获得准确的知识。

4. 多维技术

多维技术主要用于获取专家的结构知识。任何对象都呈现出多方面的特性,多维技术逐一研究不同事物在某一特性上表现出的关联,然后将这些关联抽取为事物间的概念相关模型,从而获取专家知识的结构特征,如卡片分类、格栅分析等。

6.3.3 知识获取的新方法

专家系统实质上是一个问题求解系统,为专家系统提供知识的领域专家长期以来面向一个特定领域的经验世界,通过人脑的思维活动积累了大量有用信息。

首先,在研制一个专家系统时,知识工程师首先要从领域专家那里获取知识,这一过程实质上是归纳过程,是非常复杂的个人与个人之间的交互过程,有很强的个性和随机性。因此,知识获取成了专家系统研究中公认的瓶颈问题。

其次,知识工程师在整理表达从领域专家那里获得的知识时,用IF-THEN等规则表达,约束性太大,用常规数理逻辑来表达社会现象和人的思维活动局限性太大,也太困难,勉强抽象出来的规则差异性极大,由此知识表示又成为一大难题。此外,即使某个领域的知识通过一定手段获取并表达出来,但这样的专家系统在常识和百科知识方面出奇地贫乏,而人类专家的知识是以拥有大量常识为基础的。人工智能专家Feigenbaum估计,一般人拥有的常识若存入计算机大约有一百万条事实和抽象经验法则,离开常识的专家系统有时会比傻子还傻。例如,战场指挥员会根据"在某地发现一只刚死的波斯猫"的情报很快断定敌方高级指挥所的位置,而即使是最好的军事专家系统也难以顾全此类信息。

以上这些难题大大限制了专家系统的应用。人工智能学者开始着手基于案例的推理,尤其是从事机器学习的科学家们,不再满足自己构造的小样本学习模式的象牙塔,开始正视现实生活中大量的、不完全的、有噪声的、模糊的、随机的大数据样本,也走上了知识发现的道路。

知识获取一直是专家系统开发的瓶颈,它的最终解决取决于知识的自动获取。一方面,人们从专家那里获取领域知识;另一方面,人们注重从已有的普通的数据库中获取知识,用来指导工作,这就是人们常说的知识发现,并且这种过程是自动的。知识发现就是从大量的、不完全的、有噪声的、模糊的、随机的数据中,提取隐含在其中的人们事先不知道的但又是潜在有用的信息和知识的过程。

知识发现所能发现的知识有如下几种:

(1) 广义型知识,反映同类事物共同性质的知识。
(2) 特征型知识,反映事物各方面的特征的知识。
(3) 差异型知识,反映不同事物之间属性差别的知识。
(4) 关联型知识,反映事物之间依赖或关联的知识。
(5) 预测型知识,根据历史的和当前的数据推测未来数据的知识。
(6) 偏离型知识,揭示事物偏离常规的异常现象的知识。
(7) 所有这些知识都可以在不同的概念层次上被发现,随着概念树的提升,从微观到宏观,以满足不同用户、不同层次决策的需要。例如,从一家超市的数据仓库中,可以发现的一条典型关联规则可能是"买面包和黄油的顾客十有八九也买牛奶",也可能是"买食品的顾客几乎都用信用卡",这种规则对于商家开发和实施客户化的销售计划和策略是非常有用的。常用的知识发现方法主要有分类、聚类、减维、模式识别、可视化、决策树、遗传算法、不确定性处理等。

6.4 专家系统的建造与评价

专家系统是一种复杂的计算机软件系统,因此它的开发也应遵循软件工程的基本原则,要充分利用软件工程中的思想和方法。另一方面,它又是一种基于知识的软件系统,故它的开发又有很多区别于其他软件的开发的特点。

6.4.1 一般步骤与方法

专家系统要把知识从处理流程中独立出来,而且经验性知识的获取很困难,因此从获取的知识的水平和处理问题的过程来讲,开发专家系统的比开发一般程序系统更复杂。

1. 专家系统的设计要求和准则

专家系统的性能需要从 4 方面来考虑,即方便性、有效性、可靠性和可维护性。

方便性指专家系统为用户使用时提供的方便程度,包括系统的提示、操作方式、显示方式、解释能力和表达形式。有效性简单地讲是指系统在实际解决问题时表现在时空方面的代价及所解决问题的复杂性,知识的种类、数量,知识的表示方式以及使用知识的方法或机构都是影响系统有效性的主要因素。可靠性指系统为用户提供的答案的可靠程度及系统的稳定性,知识库中知识的有效性、系统的解释能力及软件的正确性是影响可靠性的关键因素。可维护性指专家系统是否便于修改、扩充和完善。

关于专家系统设计的准则,考虑因素不同,角度不同,所给出的准则也不同。为了使所设计的专家系统便于实现,一般要求遵循以下基本原则:

(1) 知识库和推理机分离。这是设计专家系统的基本原则。

(2) 尽量使用统一的知识表示方法,以便于系统对知识进行统一的处理、解释和管理。

(3) 推理机应尽量简化,把启发性知识也尽可能地独立出来,这样既便于推理机的实现,同时也便于对问题的解释。

J. A. Edosomwan 给出了专家系统设计的 10 条规则:

(1) 获得正确的知识库。知识库必须根据准确的历史知识、工作经验和专家判断能力等来构成,而这些知识经实践检验是成功的。

(2) 建立知识库规程。知识库规程应包括一致、正确的求解所涉及的方法,专家系统设计人员必须保证规程是建立在所建立的知识库的基础上的。

(3) 系统和用户界面及解释有合适的结构。专家系统的提示和解释应当模仿人表达时使用的短语,不清晰或不易读可能会使系统应用受到限制。专家系统中所用的程序包也应向用户提供尽可能友好的接口。

(4) 提供适当的专家系统响应时间。专家系统应能适应生产率的提高,响应时间越短越好。在程序设计中应当避免不必要的迭代过程、规则和 DO 循环。系统响应时间和分时选择应利用价值分析法在几个原型程序中进行评价选择。

(5) 对整个系统的变量提供适当的说明和文档。包括指导用户在多个方案中进行选择,所涉及的文档通过简单有效的流程图、图形显示和符号等描述。

(6)提供适当的分时选择。系统必要时应考虑供多用户同时使用系统。

(7)提供适应的用户接口。为用户学习新的技巧或增强现有知识库提供方便,避免提供的控制选择给用户造成心理压力。

(8)提供系统内的通信能力。专家系统的各子系统应能有效地通信。

(9)提供自动程序设计和自动控制能力,能向用户报警以避免潜在事故的发生。

(10)对现行专家系统的维护或更新能力。解决问题的新技术、新手段和新方法层出不穷,专家系统设计必须考虑提供灵活的维护和更新手段。

2. 专家系统的开发步骤

开发专家系统一般所采取的步骤是一个传统程序开发的循环形式,这个循环由需求分析、知识获取、知识表示、初步设计、详细设计、实现编码、系统测试与评价这个序列构成,最后进行系统管理与维护。

在专家系统开发中,其最初不可能很好地被理解,定义也不可能很完整,开发过程只能自顶而下。而在每一过程的进行中,又往往需要不断反复回溯,以修改已经进行的过程。在过程的动态反复进行中,系统得以不断进化,最终形成能满足要求的实际系统。下面分别进行介绍。

(1)需求分析

在进行专家系统的构思和设计之前,首先必须搞清楚用户需要一个什么样的系统,对系统功能和各项性能的要求等。因此,需求分析做得好坏是系统最终成败的关键之一,而且是专家系统的艰难开发过程中的第一关。知识工程师要花很多时间反复向未来的用户和领域专家提出各种问题,并共同讨论解决各种问题的方法,写出需求分析报告,根据专家与用户们的评审意见,把需求分析报告改写成系统规格说明书,并做出系统开发计划。

(2)知识获取

知识获取是专家系统开发过程中最重要的一步,也是最困难的一步,被称为专家系统开发的"瓶颈"。因此,在做了需求分析之后,就要开始寻找该领域内合适的专家以及相应的资料来获取知识。知识获取不仅是知识工程师的主要工作之一,还必须取得领域专家的密切配合和支持,否则是不可能成功的。从某种意义上来说,知识是决定专家系统性能好坏的主要因素,知识获取的成功几乎就使系统成功了一半。知识获取将是一个反复进行,不断修改、扩充和完善的冗长过程。

(3)知识表示

前面介绍了多种知识表示方法,不同的表示方法适合于表达不同类型的知识。因此,根据所选定的领域范围和所获取的知识,选定或设计一两种表示方法来最合适地表示相应领域的知识是一项很重要的工作。值得指出的是,某些专家系统中的知识类型比较多,单一知识表示方法有时很难实现系统的任务要求。因此,在具体建造专家系统时,可采用多种知识表示方法有机结合的方法。这样,可对不同类型的知识采用最合适的方法来表示,发挥各种方法的优势。

(4)初步设计

这个阶段所要完成的任务是从宏观上初步确定系统的体系结构,进行功能模块的划分,确定各功能模块之间的相互关系(包括控制流和数据流等),画出系统的总体结构图,确定主要的用户界面及相应的设计报告或说明书。在总体满足需求分析的前提下,最终确定系统或模块的性能指标,作为下一步详细设计时要达到的目标。

(5)详细设计

在详细设计阶段,知识工程师根据对各功能模块的要求,完成各模块的具体方案设计,以达到对其功能和性能的要求。这一步要具体设计出数据库、知识库、推理机、知识获取模块、解释机构和人机接口的实现方案。程序结构的模块化设计是详细设计阶段的主要方法。先将整个程序分解为若干模块,每个模块又分解为若干个子模块,有的子模块还可更进一步分解。明确各模块和子模块的功能及其入口和出口,以便不同的程序员可明确分工,分别编写不同的模块和子模块。完成各模块间接口的具体设计,要求界面清晰、互相联系方便和高效。

(6)实现编码

选择恰当的语言或工具,对它们的选择要根据具体情况而定,其中包括:是否可能实现上面确定的详细设计;软件编程人员对语言或工具的熟练程度以及实现人员的水平;是否能表达所获取的知识;可移植性和可维护性等。

如果是在某种"外壳"(shell)系统中实现,这一步工作将比较简单,仅仅在于把按规定形式表示的知识库与外壳系统连接起来并做必要的测试工作。如果是采用某种知识处理语言由知识工程师自己来实现各个功能模块,则需要对各功能模块进行详细编码与调试,并将这些模块连接起来,进行系统调试。

(7)系统测试与评价

各功能模块的分别测试与评价工作在具体实现阶段已经完成。系统测试与评价的目的在于测试和评估整个系统的功能与性能,并进行必要的修改以达到在需求分析阶段确定的功能与性能指标。系统的测试与评价必须有领域专家和用户参加,不仅要对程序编码进行测试,同时也要对知识和推理、界面是否满足用户的要求等进行测试与评价。选用一些测试实例与专家的处理结果进行比较,若发现不合理或不够满意处,则由知识工程师或程序编码人员来具体修改,然后再进行下一轮测试,如此循环往复,使系统不断完善,直到最终达到预期目标为止。由此可见,专家系统的开发过程是一个漫长的"设计、实现、测试、修改、再设计、再实现、再测试、再修改……"的不断循环的反复过程。

通过系统测试与评价要检查整个专家系统的正确性与实用性,以便系统进行修改与完善,或者提供给用户使用。

(8)系统管理与维护

系统管理与维护是专家系统开发设计中的一个重要环节。专家系统经过一定时间的实际运行之后将不断积累某些经验和知识,并可能发现某些不足。特别是知识库的知识应不断增加与丰富,以提高专家系统的适应性和问题求解能力。因此,应允许对它继续进行修改与维护,这需要由有丰富经验的管理者完成。

上述各个开发阶段往往是不能截然分开的。例如,知识获取和表示与实现过程互相渗透,密切相关。在测试中知识工程师们可能要不断地修改系统的各个部分,也可能要不断地修改已获取的知识,从而有可能要重新形成规则,或需要重新设计知识表示方法,发现新概念或取消旧概念,甚至可能要重新进行需求分析。

6.4.2 知识表示

专家系统性能优劣与知识的数量与质量有关,而提高专家系统中知识的质量,是在知识表示中需要加以关注和解决的问题。

一般而言,对专家系统知识表示有如下要求:
(1)可表示性:能够将问题求解所需的知识有效正确地表达出来。
(2)可理解性:所表达的知识简单、明了、易于理解。
(3)可访问性:能够有效地利用所表达的知识。
(4)可扩充性:能够方便、灵活地对知识进行扩充。

为了满足上述要求,在人工智能领域中已经发展了多种知识表示方法。这些方法从实现的技术特征上大致可分为两大类。一类是说明性方法,可把大多数的知识表示为一个稳定的事实集合。这种方法严密性强,易于模块化,具有推理的完备性,但推理的效率比较低。另一类为过程性方法,把一组知识表达为应用这些知识的过程。这种方法不易扩充,但推理效率比较高。采用哪种方法更好,要具体情况具体分析确定。

6.4.3 知识库及其管理系统

1. 知识库的设计

知识库是专家系统的核心,知识库的质量直接关系到整个系统的性能和效率。知识库的设计中,主要是设计知识库的结构,即知识的组织形式。专家系统中所涉及的知识库,一般采取层次结构模式或网状结构模式。这种结构模式把知识按某种原则进行分类,然后分块分层组织存放。例如按元知识、专家知识、领域知识等分层组织,而每一块和每一层还可以再分块分层。这样,整个知识库就呈树形或网状结构。知识库的这种结构可方便知识的调度和搜索,加快推理速度。此外,知识的分块存放便于更经济地利用知识库空间。

2. 知识库管理系统的设计

知识库的建立、删除、重组及维护和知识的录入、查询、更新、优化等,还有知识的完整性、一致性、冗余性检查和安全保护等方面的工作都是对知识的管理,是提高整个系统性能和效率的保证,对知识的管理是由知识库管理系统来完成的。因此,对知识库管理系统的设计包括以下3个方面:

(1)知识操作功能设计

知识操作功能包括知识的添加、删除、修改、查询和统计等。这些功能可采用两种方法来实现。一种方法是利用屏幕窗口,通过人机对话方式实现知识的增、删、改、查等;另一种方法是用全屏幕编辑方式,让用户直接用键盘按知识描述语言的语法格式编辑知识。

(2)知识检查功能设计

知识检查包括知识的一致性、完整性、冗余性等检查。

①知识的一致性

所谓知识的一致性,就是指知识库中的知识必须是相容的,即无矛盾。

例如，下面的两条规则：

R_1: IF　　P　　THEN　　Q

R_2: IF　　P　　THEN　　$\neg Q$

它们就是矛盾的。

再如，设有如下产生式规则

R_1: IF　　P　　THEN　　Q

R_2: IF　　Q　　THEN　　R

R_3: IF　　R　　THEN　　S

R_4: IF　　P　　THEN　　T

R_5: IF　　T　　THEN　　$\neg S$

其中，R_1, R_2, R_3 是一条规则链；R_4, R_5 是另一条规则链。它们有相同的初始条件，即 P。此时，这两条规则链也是矛盾的。

那么，对于这样的矛盾规则或矛盾规则链，不能让它们共处同一个知识库中，必须从中舍弃一个。至于舍弃哪一个，需要征求领域专家的意见。

② 知识的完整性

所谓完整性，是指知识中的约束条件应为完整性约束。例如，小王身高 x 米，则必须满足 $x < 3$；又如，弟弟今年 m 岁，哥哥今年 n 岁，则必须满足 $m < n$。否则就破坏了知识的完整性。

③ 知识的冗余性

所谓冗余性，就是指知识库中存在多余的知识或者存在多余的约束条件。冗余性检查就是检查知识库中的知识是否存在冗余，通过检查对冗余内容进行修改或删除，使得系统中不存在冗余现象。

例如，下面的 3 条规则：

R_1: IF　　P　　THEN　　Q

R_2: IF　　Q　　THEN　　R

R_3: IF　　P　　THEN　　R

若它们同时存在于一个知识库中，就出现了冗余。因为由 R_1 和 R_2 就可推出 R_3，所以 R_3 实际是多余的。

再如，设有如下两条产生式规则：

R_1: IF　　P　　AND　　Q　　THEN　　R

R_2: IF　　P　　AND　　$\neg Q$　　THEN　　R

则子条件 Q 与 ¬Q 都是多余的，此时需要从知识库中删去这两条规则，并增加如下一条规则：

　　IF　　P　　THEN　　R

(3) 知识库操作设计

知识库操作包括知识库（文件）的建立、删除、分解、合并等。其中，知识库的分解和合并这两种功能类似于关系数据库的投影、选择和连接操作，它们实现的是知识库的重组。随着系统的运行，可能会发现原先的知识组合不合理，因此就需要重新组合，这时就需要使用知识库的分解与合并功能。

6.4.4 推理机及解释机构

1. 推理机的设计

推理机的设计,就是根据知识表达、知识推理方法和推理控制策略,设计具有求解专门问题、进行推理功能的自动推理计算机软件系统。

推理机与知识库是专家系统的两个核心部件。推理机功能的强弱将直接影响到专家系统的性能,同时它也是一个较复杂的部件。

推理机的推理是基于知识库中的知识进行的。因此,推理机必须与知识库及其知识相适应、相配套。具体来讲,就是推理机必须与知识库的结构、层次以及其中知识的具体表示形式等相协调、相匹配,否则推理机与知识库将无法接轨。因此,在设计推理机时,首先要对知识库有所了解。同时要考虑以下几点:

(1) 控制策略与推理方向选择

① 数据驱动控制,即正向推理。其优点是用户可主动提供数据信息,适用于"解空间"大的问题,如设计、管理。

② 目标驱动控制,即反向推理。其优点是推理目的明确,便于对推理过程进行解释。

③ 混合控制,即数据驱动与目标驱动相结合,由数据驱动选择目标,由目标驱动进行求解。

(2) 推理方法的选择与结合

知识推理方法的选择与知识表达方法有关,表达方法的结合也导致推理方法的结合。启发推理与算法推理相结合可以取长补短。

① 启发推理:用于浅层知识、常识性知识、不确定知识推理等。

② 算法推理:用于深层知识、数学模型、确定性逻辑推理等。

(3) 推理效果与推理效率

① 推理效果:即推理的正确性和有效性。对可解的问题能求得解答,能正确地利用和选取知识,控制和中止推理过程,避免"死循环"。

② 推理效率:即推理速度和求解时间的问题。为了提高推理效率,要充分利用启发信息,延缓或避免"组合爆炸",降低推理和控制的代价(时间耗费),实现最经济推理。

另外,在设计推理机时,还要考虑是采用精确推理还是不精确推理,是串行推理还是并行推理,是单调推理还是非单调推理,是用归纳法还是用自然演绎法等问题。

2. 解释机构的设计

专家系统一般要求要有解释功能,在推理过程中回答用户"为什么"之类的问题及在推理结束后回答用户"怎么样(得到结果)"之类的问题。从系统功能上讲,一般是将解释作为一个独立的模块来处理,但在结构上,由于要解释就必须对推理进行实时跟踪,所以解释机构常与推理机的设计同时考虑和进行。也就是说,解释机构模块应作为推理机的一部分进行设计。

6.4.5 接口设计

人机界面设计得好坏对专家系统的可用性有着很大的影响。专家系统中的用户界面担负着双重任务。

1. 专家系统与用户的接口

系统向用户提出各种问题,请求用户交互地给予回答。其目的是专家系统在执行过程中对任何需要解决而系统中不能自身解决的问题都可求助于向用户提问。

各种问题求解结论的输出(显示、打印或绘图等)可以是文字或图表等实现对用户要求的解释信息的输出。

2. 专家系统与知识工程师或领域专家的接口

这里通常指知识获取界面,其功能为:输入知识,包括对知识库内容的插入、删除和修改等,以便扩充、更新知识库;显示知识库的内容,以便进行检索和抽取,并对知识库进行维护。

6.4.6 专家系统的评价

专家系统的评价是指对建造完成的专家系统原型或初步完成的专家系统的各个性能指标进行全面测试,以检查系统是否达到原先制定的性能标准。

1. 评价的内容

对专家系统的评价,大致包括以下几个方面:

(1)评价系统的性能,看其是否达到性能标准,具有领域专家的水平,是否达到实用程度。

(2)评价系统的灵活性,看知识库的知识是否便于修改、扩充。

(3)评价系统的易了解性,即专家系统的解题过程和系统本身是否容易被用户和系统维护人员了解。

(4)评价系统的可用性,主要从系统使用方法的简单易行、人机交互手段的直观性、系统效率以及推广应用前景等方面进行评价。

(5)评价系统的效益,即系统的应用能否产生经济效益和社会效益,产出是否大于投入。

(6)评价系统的意义,看系统的实现技术对促进专家系统的发展和推广是否有积极意义,系统的应用对国民经济的发展能否产生重大的影响。

上述评价内容按次序形成一个由低到高的层次结构,只有通过较低级的评价才能进入较高级的评价。例如,若系统的性能很差,评价其他方面就失去了意义。

2. 评价的步骤

专家系统的评价一般可分为3个阶段,分别由不同的人员参加。这3个阶段为:

(1) 系统开发过程中的评价。由参加系统开发工作的知识工程师和领域专家对系统进行评价。这一工作从系统开发初期一直进行到系统基本完成,只是领域专家关心的是系统的性能和解题效率,而知识工程师还要考虑系统开发技术对系统工作情况的影响。

(2) 系统基本完成后的评价。请同行专家和专业人员对系统进行正式评价,其目的是对系统进行较为广泛而客观的评价。评价的方法可以采用鉴定会或散发调查表的方法。

(3) 在用户环境下进行测试和评价。这一工作在专家系统鉴定后,主要由各种用户在系统上运行大量实例来评价系统的性能和实用性,这是系统正式投入运行之前必不可少的工作。

3. 评价的方法

评价专家系统有多种多样的方法。一般来讲,评价系统时应根据评价内容的层次,由低到高逐级进行,即先评价系统的性能,后评价系统的灵活性等。逐级评价的优点是便于确定未能通过评价的原因所在。

评价专家系统的性能有两种方法:

(1) 利用实际的反馈信息评价系统

用实际反馈信息评价系统的优点是客观,但是有些问题在短期内不容易获得实际反馈信息,这种方法的使用便受到限制。

(2) 同行专家的评议

一种常用的方法是请同行专家评议专家系统所得的结论的正确性。另一种比较客观的方法为"双盲测试法",即系统和评议专家在互不知道对方结论的情况下,各自求解相同的问题,然后比较结论,看是否一致。

由于评价专家系统的工作量比较大,现在已开始借助一些评价工具来评价专家系统。例如已研制成功的用于分析似然推理算法准确性的程序,用来比较系统计算的结果和实际统计数据的差别等。

6.5 专家系统的开发工具与开发环境

为了加速专家系统的建造,缩短研制周期,提高开发效率,专家系统的开发工具与开发环境也应运而生。到现在已有数以百计的各种各样的专家系统开发工具投入使用。常用的有面向 AI 的程序设计语言、知识表示语言、外壳系统、组合式构造工具、EST 工具等。

随着专家系统技术的普及与发展,人们对开发工具的要求也越来越高。一个好的专家系统开发工具应向用户提供多方面的支持,包括从系统分析、知识获取、程序设计到系统调试与维护的一条龙服务。于是,专家系统开发环境便应运而生。专家系统开发环境就是集成化了的专家系统开发工具包,提供的功能主要有:

(1) 多种知识表示

至少提供两三种以上的知识表示方法,如逻辑、框架、对象、过程等。

(2) 多种不精确推理模型

即提供多种不精确推理模型,可供用户选用。最好还留有用户自定义接口。

(3) 多种知识获取手段

除了必需的知识编辑工具外,还应有自动知识获取即机器学习功能,以及知识求精手段。

(4) 多样的辅助工具

包括数据库访问、电子表格、作图等工具。

(5) 多样的友好用户界面

包括开发界面和专家系统产品的用户界面,应该是多媒体的,并且有自然语言接口。

(6) 广泛的适应性

能满足多种应用领域的特殊需求,具有很好的通用性。

随着计算机软件开发方法向工具化方向的迅猛发展,应用工具与环境开发知识系统已是必然。所以,研制知识系统开发工具与开发环境,也是当前和今后的一个热门课题。然而,知识系统开发工具实际上是知识系统技术之集成,其水平是知识工程技术水平的综合反映。所以,知识系统开发工具的功能、性能和技术水平的发展和提高,仍有赖于知识系统本身技术水平的发展和提高。

6.6 新型专家系统介绍

自从世界上第一个专家系统 DENDRAL 问世以来,专家系统已经走过了许多年的发展历程。从技术角度看,基于知识库(特别是规则库)的传统专家系统已趋于成熟,但仍存在不少问题,诸如知识获取问题、知识的深层化问题、不确定性推理问题、系统的优化和发展问题、人机界面问题、同其他应用系统的融合与接口问题等,都还未得到满意解决。为此,人们针对这些问题对专家系统做了进一步研究,引入了多种新思想、新技术,提出了形形色色的新型专家系统。

6.6.1 深层知识专家系统

深层知识专家系统,即不仅具有专家经验性表层知识,而且具有深层次的专业知识。这样,系统的智能就更强了,也更接近于专家水平了。例如,一个故障诊断专家系统,如果不仅有专家的经验知识,而且也有设备本身的原理性知识,那么,对于故障判断的准确性将会进一步提高。要做到这一点,这里存在一个如何把专家知识与领域知识融合的问题。

6.6.2 模糊专家系统

模糊专家系统的主要特点是通过模糊推理解决问题。这种系统善于解决那些含有模糊性数据、信息或知识的复杂问题,但也可以通过把精确数据或信息模糊化,然后通过模糊推理对复杂问题进行处理。

这里所说的模糊推理包括基于模糊规则的串行演绎推理和基于模糊集并行计算(即模糊关系合成)的推理。对于后一种模糊推理,其模糊关系矩阵相当于通常的知识库,模糊矩阵的运算方法也就相当于通常的推理机。

模糊专家系统在控制领域非常有用,它现已发展成为智能控制的一个分支领域。

6.6.3 神经网络专家系统

其原理是利用神经网络的自学习、自适应、分布存储、联想记忆、并行处理,以及鲁棒性和容错性强等一系列特点,用神经网络来实现专家系统的功能模块。

这种专家系统的建造过程是:先根据问题的规模,构造一个神经网络;再用专家提供的典型样本规则,对网络进行训练;然后利用学成的网络,对输入数据进行处理,便得到所期望的输出。

可以看出,这种系统把知识库融入网络之中,而推理过程就是沿着网络的计算过程。而基于神经网络的这种推理,实际是一种并行推理。

这种系统实际上是自学习的,它将知识获取和知识利用融为一体。而且它所获得的知识往往还高于专家知识,因为它所获得的知识是从专家提供的特殊知识中归纳出的一般知识。

这种专家系统还有一个重要特点,那就是它具有很好的鲁棒性和容错性。

还需指出的是,用神经网络专家系统也可构成神经网络控制器,进而构成另一种智能控制器和智能控制系统。

上面我们简单介绍了模糊专家系统和神经网络专家系统,研究发现,模糊技术与神经网络存在某种等价和互补关系。于是,人们就将二者结合起来,构造模糊神经系统或神经模糊系统,从而开辟了将模糊技术与神经网络技术相结合、将模糊系统与神经网络系统相融合的新方向。由于篇幅所限,这里不进行详述,有兴趣的读者可参阅有关文献。

6.6.4 大型协同分布式专家系统

这是一种多学科、多专家联合作业,协同解题的大型专家系统,其体系结构又是分布式的,可适应分布式网络环境。

具体来讲,分布式专家系统的构成可以把知识库分布在计算机网络上,或者把推理机制分布在网络上,或者两者兼而有之。此外,分布式专家系统还涉及问题分解、问题分布和合作推理等技术。

问题分解就是把所要处理的问题按某种原则分解为若干子问题。问题分布是把分解好的子问题分配给各专家系统去解决。合作推理是指分布在各节点的专家系统通过通信,进行协调工作,当发生意见分歧时,甚至还要辩论和折中。

需指出的是,随着分布式人工智能技术的发展,多 agent 系统将是分布式专家系统的理想结构模型。

6.6.5 网上(多媒体)专家系统

网上专家系统就是建在 Internet 上的专家系统,其结构可取浏览器/服务器模式,用浏览器(如 Web 的浏览器)作为人机接口,而知识库、推理机和解释模块等则安装在服务器上。

多媒体专家系统就是把多媒体技术引入人机界面,使其具有多媒体信息处理功能,并改善人机交互方式,进一步增强专家系统的拟人性效果。

将网络与多媒体相结合,是专家系统的一种理想应用模式,这样的网上多媒体效果将使专家系统的实用性大大提高。

6.6.6 事务处理专家系统

事务处理专家系统是指融入专家模块的各种计算机应用系统,如财务处理系统、管理信息系统、决策支持系统、CAD 系统、CAI 系统等。这种思想和系统,打破了将专家系统孤立于主流的数据处理应用之外的局面,将两者有机地融合在一起。事实上,也应该如此,因为专家系统并不是什么神秘的东西,它只是一种高性能的计算机应用系统。这种系统也就是要把基于知识的推理,与通常的各种数据处理过程有机地结合在一起。当前迅速发展的面向对象方法,将会给这种系统的建造提供强有力的支持。

第 7 章　机 器 学 习

7.1　相 关 概 念

机器学习(machine learning)是继专家系统之后人工智能应用的又一重要领域,也是人工智能研究的核心课题之一。机器学习一直受到人工智能及认知心理学家们的普遍关注。机器学习一直被公认为是设计和建造高性能专家系统的"瓶颈",如果在这一研究领域中有所突破,将成为人工智能发展史上的一个里程碑。

近年来,随着专家系统的发展,需要系统具有学习能力,这促进了机器学习的研究,使之获得了较快的发展,研制出了多种学习系统。机器学习与计算机科学、心理学等多个学科都有密切的关系,牵涉的面比较宽,而且许多理论及技术上的问题尚处于研究之中。因此,本章对它的一些基本概念和研究方法进行探讨,以便对它有一个初步的认识。

7.1.1　机器学习的定义

学习是人类具有的一种重要的智能行为,但究竟什么是学习,这仍然是一个正在研究之中的问题。社会学家、逻辑学家、心理学家和人工智能专家都在不断地探讨这个问题。

什么是机器学习?目前很难给出一个统一和公认准确的定义。从字面上理解,机器学习是研究如何使用机器来模拟人类学习活动的一门科学。从人工智能的角度出发,则认为机器学习是一门研究使用计算机获取新知识和技能,并能够识别现有知识的科学。

使计算机系统具有某种学习能力是人工智能研究的一个热点。但是,由于机器学习本身的难度及相关学科研究水平的限制,它的发展比较艰难。多年来,人们从不同的角度,提出了许多引人注目的机器学习的研究方法,取得了较大的进展。

目前,对"学习"的定义中有较大影响的观点主要有:

1. 学习是系统改进其性能的过程

这是西蒙(Simon)关于"学习"的观点。1980 年,他在卡耐基梅隆大学召开的机器学习研讨会上作了"为什么机器应该学习"的发言。在此发言中,他把学习定义为系统中的任何改进,这种改进使得系统在重复同样的工作或进行类似的工作时,能完成得更好。这一观点在机器学习研究领域中有较大的影响。机器学习的基本模型就是基于这一观点建立起来的。

2. 学习是获取知识的过程

这是专家系统研究人员提出的观点。知识获取一直是专家系统建造中的困难问题,因此他们把机器学习与知识获取联系起来,希望通过对机器学习的研究实现知识的自动获取。

3. 学习是技能的获取

这是心理学家关于如何通过学习获得熟练技能的观点。人们通过大量实践和反复训练可以改进机制和技能,如像骑自行车、弹钢琴等都是这样。但是,学习并不仅仅只是获得技能,这一观点只是反映了学习的一方面。

4. 学习是事物规律的发现过程

在 20 世纪 80 年代,由于对智能机器人的研究取得了一定的进展,同时又出现了一些发现系统,于是人们开始把学习看作是从感性知识到理性知识的认识过程、从表层知识到深层知识的转化过程,即发现事物规律、形成理论的过程。

综合上述各种观点,可以将学习定义为一个有特定目的的知识获取过程,其内在行为是获取知识、积累经验、发现规律,其外部表现是改进性能、适应环境、实现系统的自我完善。

7.1.2 机器学习发展简史

机器学习的研究有助于发现人类学习的机理和揭示人脑的奥秘,因此在人工智能发展的早期阶段,机器学习的研究就占有重要的地位。它的发展过程大体可分为以下几个阶段。

第一阶段的机器学习侧重于非符号的神经元模型的研究,主要是研制通用学习系统,即神经网络或自组织系统。1957 年,Rosenblatt 首次引进了感知器(perceptron)的概念,它由阈值性神经元组成,试图模拟动物和人脑的感知和学习能力。这与当时占主导地位的以顺序离散符号推理为基本特征的人工智能途径完全不同,因而引起了很大的争议。人工智能的创始人中的 Minskey 和 Papert 潜心研究数年,对以感知器为代表的网络系统的功能及其局限性从数学上进行了深入的研究,于 1969 年出版了颇有影响的 *Perceptron* 一书,他们的结论是悲观的。他们悲观的结论致使这一研究方向陷入低潮。

第二阶段为 20 世纪 70 年代中期至 80 年代后期,机器学习主要侧重于符号学习的研究。由于人工智能的新分支——专家系统的蓬勃发展,知识获取变成当务之急。这给机器学习的研究带来了新的契机,并产生了许多相关的学习系统,其中具有代表性的有 Michalski 的 AQVAL(1973),Buchana 等人的 Meta-Dendral(1978),Lenat 的 AM(1976),Langley 的 BACON(1978),Quinlan 的 ID3(1983)等。

1980 年,第一届机器学习研讨会在卡耐基梅隆大学举行(以后每两年举行一次,1983 年在 Illinois 大学,1985 年在 Rutgers 大学,1987 年在加州大学,从 1988 年起发展成为正式的机器学习年会 ICML),同年,在 *International Journal of Policy Analysis and Information Systems* 杂志上连续 3 期出版了以机器学习为主题的专刊(1980 年第 2,3,4 期);1981 年,*SIGART Newsletter* 第 76 期又专题回顾了机器学习领域的研究工作;1983 年,由 Michalski 等人编辑出版了第一本有关机器学习的读物 *Machine Learning:An Artificial Intelligence Approach* 第 1 卷(1986 年和 1990 年又分别出版了第 2 卷和第 3 卷)。

1986年,第一份机器学习杂志 *Machine Learning* 正式创刊。此外,在有关人工智能的各种学术会议(如 IJCAI 和 AAAI)上也不乏机器学习的研究报告。这一阶段,符号学习的研究兴旺发达,并出现了许多相关的学习策略,如传授式学习、实例学习、观察和发现式学习、类比学习、解释学习等。

第三阶段为20世纪80年代后期至今,机器学习的研究进入了一个全面化、系统化的时期。一方面,传统符号学习的各种方法已全面发展并且日臻完善,应用领域不断扩大,达到了一个巅峰时期。同时,由于发现了用隐单元来计算与学习非线性函数的方法,克服了早期神经元模型的局限性。计算机硬件的飞速发展使神经网络迅速崛起,并广泛用于声音识别、图像处理等诸多领域。计算机运行速度的提高和并行计算机的不断普及也使得演化计算的研究突飞猛进,并在机器学习领域应用取得了很大的成功。这些使得神经网络学习、演化学习和符号学习呈现出争奇斗艳的态势。另一方面,机器学习基础理论的研究越来越引起人们的高度重视,从1988年起,美、德、日等国连续召开计算学习理论的学术会议。近年来,各种关于机器学习的杂志上也不乏这方面的学术论文。随着机器学习技术的不断成熟和计算学习理论的不断完善,机器学习必将会给人工智能的研究带来重大突破。

7.1.3 机器学习的分类

根据不同的角度,机器学习有不同的分类。例如,按照应用领域,可分为专家系统学习、问题求解、认知模拟等;按获取知识的表示,可分为逻辑表达式、产生式规则、决策树、框架、神经网络等;按推理策略,可分为演绎学习和归纳学习;按系统性,可分为历史渊源和现代应用领域等。这里,按照机器学习实现途径来进行分类,具体可分为符号学习、连接学习、遗传算法学习等几种类型。

1. 符号学习

符号学习就是采用符号表达的机制,使用相关的知识表示方法及学习策略,实施机器学习。根据机器学习使用的策略、表示方法及应用领域的不同,符号学习具体又可分为记忆学习、示教学习、演绎学习、类比学习、示例学习、发现学习、解释学习等类型。

2. 连接学习

连接学习即基于神经元网络的机器学习。神经计算连接的模型由一些相同单元及单元间带权的连接组成,通过训练实例来调整网络中的连接权。这种连接机制是一种非符号的、并行的、分布式的处理机制。比较有名的神经网络模型和学习算法有:感知机、Hopfield模型和反向传播BP网络算法等。

3. 遗传算法学习

遗传算法是一种优化算法,它模拟了生物的遗传机制和生物进化的自然选择——适者生存,优胜劣汰。具体地说,一个概念描述的变形对应于一个物种的个体,这些概念的诱导变化和重组,可用一个对应自然选择的准则目标函数来衡量,将其中那些优胜者保留在基因库中。遗传算法适用于非常复杂的环境,例如带有大量噪声和无关数据的不断更新的事物,不能明显和精确定义的目标,以及要通过很长的执行过程才能确定当前行为的价值等。

7.2 机械学习

7.2.1 机械学习的模式及主要问题

机械学习是最简单的机器学习方法。机械学习就是记忆,即把新的知识存储起来供需要时检索调用,而不需要进行计算和推理。

机械学习也是最基本的学习过程。任何学习系统都必须记住它们获取的知识。在机械学习系统中,知识的获取是以较为稳定和直接的方式进行的,不需要系统进行过多的加工。而对于其他学习系统,需要对各种建议和训练例子等信息进行加工处理后才能存储起来。

当机械学习系统的执行部分解决好问题之后,系统就记住该问题及其解。可把学习系统的执行部分抽象地看成某个函数,该函数在得到自变量输入值$(X_1, X_2, \cdots, X_n)$之后,计算并输出函数值$(Y_1, Y_2, \cdots, Y_p)$。机械学习在存储器中简单地记忆存储对$((X_1, X_2, \cdots, X_n), (Y_1, Y_2, \cdots, Y_p))$。当需要$f(X_1, X_2, \cdots, X_n)$时,执行部分就从存储器中把$(Y_1, Y_2, \cdots, Y_p)$简单地检索出来,而不是重新计算它。这种简单的学习模式如下:

$$(X_1, X_2, \cdots, X_n) \xrightarrow{f} (Y_1, Y_2, \cdots, Y_p)$$
$$\xrightarrow{存} ((X_1, X_2, \cdots, X_n), (Y_1, Y_2, \cdots, Y_p))$$

例如,考虑一个决定受损汽车修理费用的汽车保险程序。这个程序的输入是被损坏的汽车的描述,包括制造厂家、生产年代、汽车的种类以及记录汽车被损坏部位和损坏程度的一个表,程序的输出是保险公司应付的修理费用。这个系统是一个机械记忆系统。为了估算受损汽车的修理费用,程序系统必须在存储器中查找同一厂家、同一生产年代、损坏的部位和程度相同的汽车,然后把对应的费用提交给用户。系统如果没有发现这样的汽车,则使用保险公司公布的赔偿规则估算出一个修理费用,然后把厂家、生产年代和损坏情况等特征与估算出的费用保存起来,以便将来查找使用。

正像计算问题可以简化成存取问题一样,其他的推理过程也可以简化成较为简单的任务,例如推导可以简化成计算。比方说,第一次要解一个一元二次方程的时候,必须使用很长的一段推导才能得出解方程的求根公式。但是一旦有了求根公式,以后再解一元二次方程时,就不必重复以前的推导过程,可以直接使用求根公式计算出根,这样就把推导问题简化成了计算问题。同样地,归纳过程可以简化成推导过程。例如,可以在大量病例的基础上归纳总结出治疗的一般规律,形成规则,当遇见一个新病例时,就使用规则去处理它,而不必参照以前的众多病例推断解决办法。简化的目的主要是为了提高工作效率。

对于机械学习,需要注意以下3个重要的问题:

1. 存储组织信息

显然,只有当检索一个项目所用的时间比重新计算一个项目所用的时间短时,机械学习才有意义,检索得越快,其意义也就越大。因此,采用适当的存储方式,使检索速度尽可能地快,是机械学习中的重要问题。在数据结构与数据库领域,为提高检索速度,人们研究了许多卓有成效的数据存储方式,如索引、排序、杂凑等。

2. 环境的稳定性与存储信息的适用性问题

在急剧变化的环境中,机械学习策略是不适用的。作为机械学习基础的一个重要假定是在某一时刻存储的信息必须适用于后来的情况。然而,如果信息变换得特别频繁,这个假定就被破坏了。

3. 存储与计算之间的权衡

因为机械学习的根本目的是改进系统的执行能力,所以对于机械学习来说很重要的一点是它不能降低系统的效率。比方说,如果检索一个数据比重新计算一个数据所花的时间还要多,那么机械学习就失去了意义。

对这种存储与计算之间的权衡问题,解决方法有两种。一种方法是估算一下存储信息所要花费的存储空间以及检索信息时所花费的时间,然后将其代价与重新计算的代价进行比较,再决定存储信息是否有利。另一种方法是把信息先存储起来,但为了保证有足够的检索速度限制了存储信息的量,系统只保留那些最常使用的信息,"忘记"那些不常使用的信息。这种方法也叫"选择忘却"技术。

7.2.2 机械学习应用举例

虽然机械学习是机器学习中最简单的策略,但是正确使用这种策略却能对提高应用软件系统的质量起着重要作用。下面介绍吉林大学开发的建筑工程预算软件系统中采用的机械学习策略。其成功地解决了工程预算中较难处理的图集问题。

建筑工程预算是建筑工程中一项困难而又重要的任务,工作量大,要求高。过去用手工编制,要花费很多时间。对于 3 000 m² 的民用建筑,一个技术人员手工编制预算需要 15～20 天,加上工料分析、取费计算等,需要近一个月时间,而且容易出错,影响预算的质量,造成资金、人员和材料的浪费与损失。近年来,建筑预算系统减轻了建筑工程预算人员的繁重的脑力劳动,提高了工程预算的速度与准确性。但是,建筑预算中的关键问题——工程量计算问题,却始终没有得到很好的解决。这个问题的困难之一在于现行使用的建筑工程设计图纸上的数据与计算机要求的初始输入数据之间存在着很大的差距,只有靠建筑工程人员分析观察图纸,形成计算机可接受的初始输入,才能开始计算。造成工程量计算困难的第二个原因是设计图纸中出现的大量的门窗及预制件型号。预算中,工程技术人员需要不断查阅有关资料,决定这些预制件所需工时及材料。其所采用的机械学习方法主要用来解决这一困难。

建筑工程中使用的门窗,大都采用国家或省市的标准设计,例如,某建工部规定的标准木窗,其宽度 1 m、高度 1.6 m,此外还确定了窗的式样,如该窗子是亮的、3 开扇、中间固定、有小气窗。根据这种标准设计图纸,人们预先计算出建造一个这种窗子所需的木料、玻璃、油漆、拉手等和所需木工量和油漆工时等。在建筑工程图纸上,并不画出具体的窗子和门,只标明窗子和门的型号;预算时,只要数出各种窗子和门分别有多少个,然后根据标准图集查出每种窗子和门各需要多少原材料及人工,即可求出建造门窗所需总的建筑材料及费用。

从问题的性质来看,采用计算机检索是最适宜不过了。但事情并不那么简单,问题的难点在于门窗的标准型号太多。这些标准型号的门窗,按规定标准的部门及门窗的种类编成许多厚厚的标准图集。虽然在工程预算程序内部保存了大量的标准图集,但仍不能满足预算的实际需要,一旦遇见一个先前未装入的新型号,系统只好暂时停止运行,把新型号门窗及有关数据装入后再行计算。这样算算停停,很不方便,而且使预算时间拖得很长。

建筑工程所用的门窗及预制构件虽多,但也有其规律性。一般说来,一个建筑工程设计部门经常使用某些型号,对另外一些型号却较少涉及,一个工程项目通常只采用几种至几十种型号的门窗和预制件,并不是杂乱无章的。因此可采用机械学习方法解决这一问题。当程序运行中遇见未曾装入的门窗型号或预制构件型号时,不是停下来待装入后重新计算,而是向用户提出询问,根据用户提供的数据,程序算出一个窗或门等标准构件所需木材、玻璃、铁角等材料及所需各工种工时数,然后把计算的数据提供给预算系统继续计算,并把门窗等标准构件型号与所需材料及工时保存起来,以后再遇到同种型号的标准构件,建筑工程系统只要通过检索就能获得数据,可以顺利进行下去,不再需要用户干预。因为大多数工程项目为了采购、制造、运输与管理上的方便,只采用几种至几十种的标准预制构件,所以预算系统在询问几次之后,就不必再进行询问,直至计算得出最终预算结果,从而方便了用户,缩短了运行时间。

这种预算方法的另一个优点是具有广泛的适应性和自我完善能力,一个建筑设计部门通常与几个门窗生产厂家与预制件厂家有业务联系,因此通常采用某些型号的标准预制件。一旦这些型号的数据装入计算机,系统就能在大多数情况下独立完成预算。因此,上面采用的图集处理方法不仅适用于一个省,其他省份与建筑部门也可同样采用,只要使用一段时间之后,系统所积累的型号就基本上能满足要求。这种系统便于推广,而且使用的次数越多,积累的标准构件型号越多,系统提出询问的情况越少,计算的速度也越来越快。

7.3 归纳学习

从实验数据中通过归纳发现知识,即为归纳学习。归纳学习从特例推导出一般规则,是目前符号学习中研究得最多也最为广泛的一种方法。归纳学习通过给定关于某个概念的一系列正例和反例,从中归纳出一个通用的概念描述。通过归纳学习,能够获得新的概念,创立新的规则,发现新的理论。人类知识的增长主要得益于归纳学习,例如,通过观察"燕子会飞""麻雀会飞"等大量事实,归纳得到"鸟会飞"的结论。虽然有时归纳得到的结论不如演绎推理得到的结论可靠,但对于认识的发展与完善具有重要的启发意义。

7.3.1 归纳学习概述

1. 归纳学习系统的模型

在机器学习领域中,可把归纳学习形式化地描述为使用训练实例,从而导出一般规则的搜索问题。全体可能的实例构成实例空间,全体可能的一般规则构成规则空间,归纳的过程就是完成实例空间与规则空间之间协调的搜索比较过程。按照该模型,归纳学习系统的执行过程可大致描述为:根据规则空间提供的一般规则,由实验规划过程通过对实例空间的搜索,完成实例选择,并将选中的活跃实例提交解释过程;解释过程对实例经过适当的转换,将活跃实例变换为规则空间中的特定概念,以引导对规则空间的搜索。

2. 归纳学习的一般模式

按照归纳学习的模式,给定:

(1) 一组从观测得出的陈述事实 E,即获得关于对象的情况及过程等的知识表示;

(2) 一个试探性的归纳断言(也可能不成立而为空);

(3) 背景知识,包括有关领域知识、对于上述 E 的约束条件、假定、可供参考的归纳断言以及表征该断言期望性质的参考准则等。

求:归纳断言(假说)H,使重言蕴涵或弱蕴涵的事实集 E,并满足背景知识。

若在所有解释下,$H \rightarrow E$ 为真,即 H 永真蕴涵 E,则有 $H|>E$,读作 H 特殊化为 E;或 $E|<H$,读作 E 一般化为 H。

其中,"$|>$"表示特殊化算符,"$|<$"表示一般化算符。

H 弱蕴涵 E 的意思,指 H 蕴涵的 E 不完全确实,即仅仅是似然的或是 H 的部分结论。因为从任一给定事实集 E,可以归纳产生无限多个可能蕴涵 E 的 H,却无法证明每一个这样的蕴涵是否都为真。例如,从"麻雀会飞""燕子会飞"……这样的事实集 E 中,有可能归纳出"有翅膀的动物会飞""长羽毛的动物会飞""长着两条细腿的动物会飞"……这些假设 H,其潜在数目可能很大。在一般情况下,这些假设是可信的。但只要后来发现有一个例外事实,就可能使一些 H 失效,而且事先也无法判定将使哪个或哪些 H 失效。

7.3.2 归纳学习方法

一般的归纳学习方法有两种:示例学习以及发现和观察学习。

1. 示例学习

示例学习(learning from examples),又称实例学习或从例子中学习。它是通过环境取得的若干实例中,包括一些相关的正例和反例,而归纳出一般性概念或规则的方法。

示例学习针对产生概念的正例集合与反例集合,由归纳推理,得出覆盖所有正例并排除所有反例的概念描述,并可用规则形式或决策树的方法来表示这种概念的描述。例如,要让示例学习系统学到关于虎的概念,可以先提供给程序各种动物,并告知程序哪种动物是虎,哪些不是虎,系统学习后便概括出虎的概念模型和类型定义。利用这个类型定义,就可作为动物世界中识别虎的分类准则。这种构造类型定义的学习,又称概念学习。

示例学习不仅可以学习概念,也可获得规则。它一般也是采用实例空间和规则空间实施学习。实例空间存放着系统提供的实例和训练事件,规则空间存放着由实例归纳成的规则。一方面,运用实例空间的实例提供的启发性信息,来引导对规则空间的搜索;另一方面,这些规则又需要进一步用实例空间的实例来检验。因此,示例学习可以看作是实例空间和规则空间相互作用的过程。

2. 发现和观察学习

发现和观察学习(learning from discovery and observation)过程,观察取自有关环境的大量数据、实例以及对经验数据的了解与分析,发现即经过搜索而归纳出规则,机器学习系统由此推导、归纳总结出一般规律性的结论知识。这是一种没有教师指导的归纳学习,其学习形式包括概念聚类、结构分类、数据拟合、发现自然定律以至建立系统行为的理论。这类系统有时不仅能发现人们所知而未见的规律或规则,甚至能发现客观事物中被人们忽略的新概念。例如,利用BACON实验数据分析的学习系统,人们不仅发现了欧姆定律、牛顿万有引力定律、开普勒行星运动定律等,还发现了一些早期化学家发现的定理,如普罗斯特定律、吕萨克定律等。

代表性的发现和观察学习系统主要有:

(1) AM系统(1977年)

该系统能从集合论的几个基本概念出发,经过学习可以发现标准数论的一些概念和定理,甚至有一些是数学家未提出过的概念。

在AM系统中,通过框架表示知识,以启发式搜索做指导来发现新概念。它的基本工作过程包括:

① 知识表达。用框架表示知识,每个框架表示一个概念。AM的主要活动之一是创造新概念并填写其槽。

② 问题求解。主要包括如下一些步骤:

a. 启发式搜索:它是在250个启发式规则的指导下进行的。这些规则对学习程序进行动作提示,该动作可能导致"有趣"的发现。

b. 生成测试:在少数实例的基础上形成假设,然后再在大量实例集中测试这些假设,看它们是否都能成立。

c. 日程表:用以控制发现过程的一张表。当启发式规则提出一个任务时,便将任务置于中央日程表中,并同时放入提出该任务的理由和权,AM据此循环操作,每次从日程表中挑选最有希望的任务来执行。

AM采用循环操作。每循环一次,就从日程表中选出一个任务并执行。每当一个任务被选出后,就赋给它一个号码。

(2) BACON系统(1980年)

该系统是一个发现物理学中经验性定理的机器学习系统,它能重新发现波义耳定律、欧姆定律、牛顿万有引力定律和开普勒行星运动定律等。

例如,如果给程序提供一系列气体体积随温度、压力变化的实验数据,系统经过学习概括和归纳推理,可以得出理想气体的波义耳定律。

BACON系统的思想是利用一些算子反复构造一些新的项,当这些项中有一个是常数时,就得到概念"项 = 常数"。

7.3.3 决策树学习

决策树(decision tree)学习是一种以实例为基础的归纳学习算法。该算法采用自顶向下的递归方式,着眼于从一组无次序、无规则的实例中,推理出决策树形式的分类规则。决策树算法从内部节点进行属性值比较开始,并根据不同的属性值判断每一个节点向下的分支,在决策树的叶节点得到结论。因此,每一条根到叶节点的路径,就对应着一条合取规则,整棵决策树就对应着一组析取表达式规则。基于决策树的学习算法的最大优点在于:在学习过程中,使用者无须了解很多背景知识,只要训练例子能够用"属性-结论"产生式表达出来,就能使用该算法来学习。

一棵决策树的内部节点表示了属性或属性的集合,其中,内部节点的属性又称测试属性,叶节点则是所要学习划分的类。要对一批实例集进行训练来产生决策树,就从树根开始,对其内部节点逐点测试属性值,顺着分支向下走,直至到达某个叶节点,也就确定了该节点所表示的类。

根据决策树的各种不同属性,有以下几种不同的决策树:

(1)决策树的内部节点的测试属性可以为单变量,也可以是多变量的。即每个内部节点可以只有一个属性,也存在包含多个属性的情况。

(2)根据测试属性值的个数,可能使得每个内部节点至少有一个或多个分支。如果每个内部节点只有两个分支,则把该决策树称为二叉决策树。

(3)每个属性可能是数值型,也可能是概念型。其中,二叉决策树可以是前者,也可以是后者。

(4)分类结果既可能是两类,也可能是多类。如果二叉决策树的结果只能有两类,则又称之为布尔决策树。

决策树有不同的等价表示形式,因此就有不同的算法来实现其功能。

7.4 类比学习

类比(analogy)是人们求解问题常用的一种基本方法。通过类比学习,人们可以把两个不同领域中的理论的相似性抽取出来,用其中一个领域求解问题的推理思想和方法,指导另一个领域的问题求解。因此,类比学习在科学技术发展的历史中起着重要的作用,很多发明和发现就是通过类比学习获得的。例如,卢瑟福将原子结构和太阳系进行类比,发现了原子结构;水管中的水压计算公式和电路中电压计算公式相似等。

7.4.1 类比学习概述

类比学习(learning by analogy)的一般含义是:对于两个对象,如果它们之间有某些相似属性,那么它们之间就存在基于该属性知识的推理关系。类比学习系统就是通过在几个对象之间检测相似性,根据一方对象所具有的事实和知识,推论出相似对象所应具有的事实和知识。类比学习的核心技术是相似性的定义和度量,使学习系统能根据环境提供的信息和已知的相似性知识,推论出未知领域问题的相关知识并进行求解。

7.4.2 属性类比学习

属性类比学习是根据两个相似事物的属性实现类比学习的。

1979年,温斯顿研究开发了一个属性类比学习系统。通过对这个系统的讨论可具体地了解属性类比学习的过程。在该系统中,源域和目标域都是用框架表示的,分别称源框架和目标框架。框架的槽用于表示事物的属性。其学习过程是把源框架中的某些槽值传递到目标框架的相应槽中去。传递分以下两步进行:

1. 从源框架中选择若干槽作为候选槽

所谓候选槽是指其槽值有可能要传递给目标框架的那些槽。选择的方法是相继使用如下启发式规则:

(1)选择那些具有极端槽值的槽作为候选槽。如果在源框架中有某些槽是用极端值作为槽值的,例如"很大""很小""非常高"等,则首先选择这些槽作为候选槽。

(2)选择那些已经被确认为"重要槽"的槽作为候选槽。如果某些槽所描述的属性对事物的特性描述占有重要地位,则这些槽可被确认为重要的槽,从而被选作候选槽。

(3)选择那些与源框架相似的框架中不具有的槽作为候选槽。设 S 为源框架, S' 是任一与 S 相似的框架,如果在 S 中有某些槽,但 S' 不具有这些槽,则就选这些槽作为候选槽。

(4)选择那些相似框架中不具有这种槽值的槽作为候选槽。设 S 为源框架, S' 是任一与 S 相似的框架,如果 S 有某槽,其槽值为 a,而 S' 虽有这个槽但其槽值不是 a,则这个槽可被选为候选槽。

(5)把源框架中的所有槽都作为候选槽。当用上述启发式规则都无法确定候选槽,或者所确定的候选槽不够用时,可把源框架中的所有槽都作为候选槽,供下一步进行筛选。

2. 根据目标框架对候选槽进行筛选

筛选按以下启发式规则进行:
(1)选择那些在目标框架中还未填值的槽。
(2)选择那些在目标框架中为典型事例的槽。
(3)选择那些在目标框架有紧密关系的槽,或者与目标框架的槽类似的槽。

通过上述筛选,一般都可得到一组槽值,分别把它们填入到目标框架的相应槽中,就实现了源框架中某些槽值向目标框架的传递。

7.4.3 转换类比学习

转换类比学习系统由 J. G. Carbonell 于 1981 年提出。下面简单介绍其基本原理与结构。

1. 转换类比学习系统的基本原理

转换类比学习系统是基于"手段-目的分析"(means-ends analysis, MEA)的。这是一种通用的问题求解方法,其基本思想是:首先检测当前状态与目标状态的差别,然后寻找一个操作去减小这种差别;如果当前状态不能应用该操作,则建立一个从当前状态到该操作所需状态的子问题;如果该操作的结果不能精确地产生目标状态,则建立一个从该操作的结果状态到目标状态的子问题。如果操作选得合适,则这两个子问题将比原问题容易求解。子问题分解的方法还可递归地应用下去,直到整个问题获得解决。

但是,人类在求解一个问题时,往往不是从头考虑的,而是充分利用以前求解类似问题时所采用的方法。力求将类似问题的解法转换到新问题上,如果没有类似问题的解法可用,再使用 MEA 方法求解。这种在相似问题之间实施经验转移的类比方法,能很好地提高问题的求解效率。

2. MEA 方法的问题求解模型

MEA 方法的问题求解模型由两部分组成:问题空间和在此空间进行的问题求解动作。问题空间包括:

(1)一组可能的问题组合状态集。
(2)一个初始状态。
(3)一个或多个目标状态,即终止状态。为简便起见,假设只有一个目标状态。
(4)当满足预置条件时,可将一个状态作为另一个状态的一组变换规则集或操作符。
(5)计算状态间的差别函数,往往用于当前状态与目标状态的比较,得出两者间的差别。
(6)对可用的变换规则进行编序,以便选择一个能最大限度减小差别的索引函数。
(7)一组全局的路径限制。其目标路径必须满足的条件是解有效,路径限制本质上要求有利于找到最多的解序列,而不以单个状态或者操作符来影响决策。
(8)一个用于指示什么条件下可用何种变换规则的差别表。

在此空间使用 MEA 求解技术来选择问题的求解操作序列,按照状态空间转换方法设法找到一条从初始状态到目标状态的解路径。标准的 MEA 算法如下:

(1)比较当前状态和目标状态,得出差别。
(2)选择合适的规则或算子,以减少两个状态间的差别。
(3)尽可能应用前一步选中的转换规则,直至完成状态转换,否则保存当前状态并将 MEA 算法递归地用于其他子问题,直到该子问题确认不能满足该规则的前提条件为止。
(4)子问题求解后,恢复被保存的当前状态,再继续求解原来的问题。

7.5 解释学习

解释学习(explanation-based learning)是 20 世纪 80 年代兴起的一种机器学习方法,是一种演绎学习方法。它是通过运用相关的领域知识,对当前提供的单个问题求解实例进行分析,从而构造解释并产生相应知识的。目前,已经建立了一些解释学习系统,如米切尔等人研制的 LEX 和 LEAP 系统以及明顿(S. Minton)等人研制的 PRODIGY 系统等。

7.5.1 解释学习概述

解释学习与前面讨论过的归纳学习及类比学习不同,它不是通过归纳或类比进行学习的,而是通过运用相关的领域知识及一个训练实例来对某一目标概念进行学习,并最终生成这个目标概念的一般性描述。该一般描述是一个可形式化表示的一般性知识。

提出解释学习方法的主要原因是:

(1) 人们经常能从观察或执行的单个实例中得到一个一般性的概念及规则,这就为提出解释学习提供了可能性。

(2) 归纳学习虽然是人们常用的一种学习方法,但由于它在学习中不使用领域知识分析、判断实例的属性,而仅仅通过实例间的比较来提取共性,所以无法保证推理的正确性,而解释学习因在其学习过程中运用领域知识对提供给系统的实例进行分析,避免了类似问题的发生。

(3) 应用解释学习方法进行学习,有望提高学习的效率。

7.5.2 解释学习框架

基于解释的学习过程将大量的观察事例汇集在一个统一、简单的框架内,通过分析为什么实例是某个目标概念的例子,对分析过程(一个解释)加以推广,剔去与具体例子有关的成分,从而产生目标概念的一个描述。通过对一个实例的分析学习,抽象的目标概念被具体化了,从而变得更易理解与操作,为类似问题的求解提供有效的经验。

基于解释的学习的一般框架可以用一个四元组 $<DT,TC,E,C>$ 来表示,其中,DT 代表域理论(domain theory),它包含一组事实和规则,用于证明或解释训练实例如何满足目标概念;TC(target concept)为目标概念的非操作性描述;E 为训练实例,即相应的 TC 的一个例子;C 为操作性准则(operationality criterion),用以表示学习得到的目标概念可用其基本的可操作的概念表示。C 是定义在概念描述上的一个二阶谓词。基于解释的学习的任务是从训练实例中找出一个一般描述。该描述中的谓词均是可操作的,且构成目标概念成立的充分条件。

下面的例子是一个用 prolog 描述的基于解释的学习系统的实例。

有一个自杀事件,其应用模型如下。

(1) 领域理论

如果一个人感到沮丧,他会恨自己:

hate(x,x):--depressed(x)

如果一个人买了某物,那么他就拥有该物:

possess(x,y):--buy(x,y)

猎枪是武器,手枪也是武器:

weapon(x):--shotgun(x)

weapon(x):--pistol(x)

(2) 目标概念

如果 x 恨 y,并且 x 拥有武器 z,那么 y 可能被 x 所杀,即

kill(x,y):--hate(x,y),weapon(z),possess(x,z)

(3) 操作准则

谓词 depressed,buy,shotgun,pistol 均为可操作性谓词,即

operational(depressed(x))

operational(buy(x,y))

operational(shotgun(x))

operational(pistoi(x))

在操作准则中,operational 是谓词,它的变元也是谓词,所以操作准则是二阶谓词。在这一例子中,学习任务是获得一条判断自杀的法则,所使用的实例为 John 自杀事件中 3 条事实。

7.5.3 解释学习过程

基于解释的学习过程可分为如下两个步骤:
(1)分析阶段,生成一棵证明树,解释为什么该实例是目标概念的一个实例;
(2)基于解释的抽象(explanation-based generalization,EBG)阶段。

通过将实例证明树中的常量用变量进行替换,形成一棵基于解释的抽象树(简称 EBG 树),得到目标概念的一个充分条件。

在前面的例子中,因为系统要学习关于"自杀"的概念,首先在分析阶段求解的目标为 kill(John,John),即判定 John 是否自杀,得到如图 7-1 所示的证明树。

图 7-1 自杀实例的证明树

在基于解释的抽象阶段,通过实例证明比较,基于解释学习 EBG 树将实例证明树中所有常量均用变量加以替换,并且保持一致替换,得到图 7-2 所示的 EBG 树。

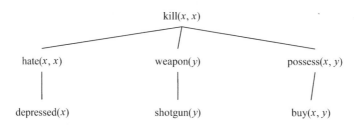

图 7-2 自杀实例的 EBG 树

由于这个 EBG 树中每个叶结点对应的概念均是可操作的,因此可以得到判断"自杀"的一个充分性条件:"如果某人感到沮丧,且买了猎枪,则某人可能是自杀而死。"相应的规则为

$kill(x,x):depressed(x),shotgun(y),buy(x,y)$

基于解释的学习方法的另一个较为复杂的例子是通过检查莎士比亚剧本的精确性过程的 MACBETH 学习方法。该方法是联系描述与先例描述(precedent description)相匹配,然后用对先例来解释来解释联系。这种被转换了的解释使得 MACBETH 能够处理联系,并

构造出一条前件-后件规则(antecedent-consequent rule),即 IF-THEN 规则,这样就完成了一类基于解释的学习。

这种基于解释的学习过程可以归纳为:

(1)学习的一种方法是综合解释有先例变换的因果链,用于处理新问题。

(2)将概念具体化,也就是把某些抽象的事物当作具体事物来处理。具体化一条链就是把它当作一个节点来处理,以便于描述。

(3)基于解释的学习过程运用从事例中发现的因果链和物体描述来求解问题并产生规则。

(4)基于解释的学习过程采用重叠的因果链作为上下文的证据。

(5)基于解释的学习过程应用一个匹配程序,规约匹配为一种逆向链式推理形式。

(6)基于解释的学习过程特别有益于教师指导学生寻找适当的先例组合。如果没有这种指导,学习过程就可能把错误的事物堆放在一起,犯一些愚蠢的错误。

7.6 神经网络学习

7.6.1 相关概念

这里所说的神经网络,严格来讲应该是人工神经网络。人工神经网络是对生物神经网络的某种简化,或者说前者是从后者抽象而来的。因此,要讲神经网络学习,我们先从生物神经网络谈起。

1. 生物神经元

这里的神经元指神经细胞,它是生物神经系统的最基本的单元。神经元由细胞体、树突和轴突组成。细胞体是神经元的主体,它由细胞核、细胞质和细胞膜三部分构成。从细胞体向外延伸出许多突起,其中大部分突起呈树状,被称为树突。树突起感受作用,接受来自其他神经元的传递信号;另外,由细胞体伸出的一条最长的突起,用来传出细胞体产生的输出信号,被称为轴突;轴突末端形成许多细的分枝,叫作神经末梢;每一条神经末梢可以与其他神经元形成功能性接触,该接触部位被称为突触。功能性接触并非永久性接触,它是神经元之间信息传递的奥秘之处。

一个神经元把来自不同树突的兴奋性或抑制性输入信号(突触后膜电位)累加求和的过程,称整合。考虑到输入信号的影响要持续一段时间(毫秒级),因此神经元的整合功能是一种时空整合。当神经元的时空整合产生的膜电位超过阈值电位时,神经元处于兴奋状态,产生兴奋性电脉冲,并经轴突输出;否则无电脉冲产生,处于抑制状态。可见,神经元很像一个阈值逻辑器件。

2. 人工神经元

如果我们对生物神经元进行适当的结构简化和功能抽象,就得到所谓的人工神经元。人工神经元是一个多输入单输出的非线性阈值器件。其中,$x_1,x_2,\cdots,x_n$表示神经元的

n 个输入信号量;$w_1, w_2, \cdots, w_n$ 表示对应输入的权值,它表示各信号源神经元与该神经元的连接强度;A 表示神经元的输入总和,它对应生物神经细胞的膜电位,称激活函数;y 为神经元的输出;θ 表示神经元的阈值。于是,人工神经元的输入输出关系可描述为

$$y = f(A)$$

$$A = \sum_{i=1}^{n} \omega_i x_i - \theta$$

函数 $y = f(A)$ 被称为特性函数(或称作用函数或传递函数)。特性函数可以看作是神经元的数学模型。常见的特性函数有以下几种:

(1) 阈值型

$$y = f(x) = \begin{cases} 1 & A > 0 \\ 0 & A \leq 0 \end{cases}$$

(2) S 型

这类函数的输入-输出特性多采用指数、对数或双曲正切等 S 型函数表示。例如:

$$y = f(A) = \frac{1}{1 + e^{-\lambda}}$$

S 型特性函数反映了神经元的非线性输出特性。

(3) 分段线性型

若神经元的输入-输出特性满足一定的区间线性关系,其特性函数表达式为

$$y = \begin{cases} 0 & A \leq 0 \\ KA & 0 < A \leq A_k \\ 1 & A_k < A \end{cases}$$

其中,K 和 A_k 均表示常量。

由于特性函数的不同,神经元也就分为阈值型、S 型和分段线性型 3 类。此外,还有一类概率型神经元,它是一类二值型神经元。与上述 3 类神经元模型不同,其输出状态为 0 或 1 是根据激励函数值的大小按照一定的概率确定的。波尔茨曼机神经元就属此类。

3. 神经网络

如果将多个神经元按某种拓扑结构连接起来,就构成了神经网络。根据连接的拓扑结构不同,神经网络可分为 4 大类:分层前向网络、反馈前向网络、互联前向网络、广泛互联网络。

(1) 分层前向网络

分层前向网络的结构特征是:网络由若干层神经元组成,一般有输入层、中间层(又称隐层,可有一层或多层)和输出层,各层顺序连接;且信息严格地按照从输入层进,经过中间层,从输出层出的方向流动。因此叫作"前向"。其中,输入层是网络与外部环境的接口,它接受外部输入;隐层是网络的内部处理层,神经网络具有的模式变换能力,如模式分类、模式完善、特征抽取等,主要体现在隐层神经元的处理能力上;输出层是网络的输出接口,网络信息处理结果由输出层向外输出。后面将要介绍的 BP 网络就是一种典型的分层前向网络。

(2) 反馈前向网络

反馈前向网络也是一种分层前向网络,但它的输出层到输入层具有反馈连接。反馈的

结果形成封闭环路,具有反馈的单元也称隐单元,其输出称内部输出。

(3)互联前向网络

互联前向网络也是一种分层前向网络,但它的同层神经元之间有相互连接。同一层内单元的相互连接使它们之间有彼此牵制作用。

(4)广泛互联网络

所谓广泛互联是指网络中任意两个神经元之间都可以或可能是可达的,即存在连接路径。著名的 Hopfield 网络、波尔茨曼机模型结构均属此类。

虽然单个神经元仅是一种阈值器件,其功能有限,但由大量的神经元连接起来的神经网络却能表现出非凡的智能。一个神经网络就是一个智能信息处理系统。神经网络信息处理的特点是分布存储和并行处理。即神经网络把信息分布地存储在神经元之间的连接强度上,而且对信息的处理是由网络中的神经元集体完成的。因此,神经网络具有很强的鲁棒性和容错性,有联想记忆、抽象概括和自适应能力。而这种抽象概括和自适应能力一般被称为自学习能力。自学习是神经网络最重要的特征。通过学习,网络能够获得知识、适应环境。

具体来讲,神经网络至少可以实现如下功能:

①数学上的映射逼近

通过一组映射样本$(x_1,y_1),(x_2,y_2),\cdots,(x_n,y_n)$,网络以自组织方式寻找输入与输出之间的映射关系$y_i=f(x_i)$。这种映射逼近能力可用于系统建模、模式识别与分类等。具有这种能力的典型网络有 BP 网络等。

②数据聚类、压缩

通过自组织方式对所选输入模式聚类。若输入模式不属于已有的聚类,则可以产生新的聚类。同一聚类可对应多个输入模式;此外,聚类是可变的。这是一种编码形式,而不同于分类。具有这种能力的典型网络有 ART 模型,其应用有语音识别中用来减少输入的维数,减小存储数据的位数等。

③联想记忆

实现模式完善、恢复,相关模式的相互回忆等。具有这种能力的典型网络有 Hopfield 网络、CPN 网络等。

④优化计算和组合优化问题求解

利用神经网络的渐进稳定态,特别是反馈网络的稳定平衡态,进行优化计算或求解组合优化问题的近似最优解。Hopfield 网络、波尔茨曼机模型结构等均有此能力。

⑤模式分类

现有的大多数神经网络模型都有这种分类能力。大多数神经网络必须首先能够对样本模式能够分类,即能离线学习,例如 BP 网络、CPN 网络、Hopfield 网络、新认知机等。

⑥概率密度函数的估计

根据给定的概率密度函数,通过自组织网络来响应在空间R^n中服从这一概率分布的一组向量样本$X_1,X_2,\cdots,X_k$。波尔茨曼机模型、CPN 网络、SOM 网络就有这种能力。

7.6.2 神经网络学习算法

迄今为止已出现了许多神经网络模型和相应的算法。对学习算法的分类方法也有多种:按学习方式可分为有监督学习与无监督学习,以区别学习时有导师学习、强化学习及无导师学习;按网络互联方式可分为层次连接学习与相互连接学习;按网络的信息处理能力可分为联想式学习与非联想学习,等等。较有代表性的分类是将学习分为 Hebb 型学习、误差修正型学习、随机型学习、竞争型学习及结构修正型学习。以下就按这种分类方式对这些学习算法进行简单介绍。

1. Hebb 型学习

Hebb 型学习算法可描述为:如果神经网络中某一神经元与相连的另一神经元同时处于兴奋状态,那么这两个神经元之间的连接强度将得到加强。Hebb 型学习的思想用算法表达式可表示为

$$W_{ji}(t+1) = W_{ji}(t) + \eta [x_i(t) x_j(t)]$$

其中,$W_{ji}(t+1)$ 表示修正一次后的某一权值,η 是一正的常数,其值取决于每次权修正量,所以又称学习因子;$x_i(t), x_j(t)$ 分别表示 t 时刻第 i 个、第 j 个神经元的状态。

这一学习算法具有一定的生物背景,其基本思想很容易理解接受,可以说几乎所有的神经网络学习算法都可以看成是 Hebb 学习规则的变形。

2. 误差修正型学习

误差修正型学习算法是一种监督学习过程,其基本思想是利用神经网络的期望输出与实际输出间的偏差作为调整连接权值的参考依据,并最终减少这种偏差。样本训练数据加到网络输入端,同时将相应的期望输出与网络输出相比较得到误差信号,以此控制连接强度(权值)的调整,经过反复迭代计算达到收敛后给出确定的 W 值。当样本情况发生变化时,经学习可修正 W 值,以适应新的环境。

以上误差修正型学习过程,可通过以下4步来实现:

(1)选择一组初始权值 $W_{ij}(0)$。

(2)计算某一输入模式对应的实际输出与期望输出的误差。

(3)更新权值(阈值可视为输入恒为 -1 的一个权值)

$$W_{ji}(t+1) = W_{ji}(t) + \eta [d_j - y_j(t)] x_i(t)$$

其中,η 为学习因子,d_j 和 y_j 分别表示第 j 个神经元的期望输出与实际输出,x_i 为第 i 个神经元的输入。

(4)返回第(2)步,直到对所有的训练模式,网络输出均能满足要求。

3. 随机型学习

随机型学习算法的基本思想是结合随机过程、概率和能量(函数)等概念来调整网络的变量,从而使网络的目标函数达到最大(或最小)。网络的变化通常应遵循以下准则:

(1)如果网络的变量变化后,能量函数有更低的值,那么接受这种变化;

(2)如果网络的变量变化后,能量函数没有更低的值,那么按一预先选取的概率分布接受这种变化。

可见,若采用随机型学习算法,网络不仅可以接受能量函数减少的变化,使某种性能得到改善,而且还可以某种概率分布接受能量函数增大(即性能变差)的变化,这实际上是为网络的变量引入了"噪声",使网络有可能跳出能量函数的局部极小点,而向全局极小值点

的方向发展。这就是模拟退火(simulated annealing)算法,它也是一种典型的随机型学习算法。

4. 竞争型学习

竞争型学习是指网络的某些群体中所有单元相互竞争对外界刺激模式响应的活动方式,竞争取胜的单元的连接权向着对这一刺激模式竞争更有利的方向变化,而且竞争取胜的单元又抑制了竞争失败单元对刺激模式的响应。竞争学习更一般化的形式是不允许单个胜者出现,学习发生在取胜者集合(称取胜域)中各单元的连接权上,这种学习被称为协同学习。

竞争型学习的自适应学习方式,使网络单元能有选择地接收外界刺激模式的不同特性,从而提供了基于检测特性空间活动规律的性能描述。

竞争学习是一种典型的非监督(无导师指导)的学习策略,学习时只需要给定一个输入模式集作为训练集,网络自行组织训练模式,并将其分成不同类型。与 BP 学习相比,这种学习算法进一步拓宽了神经网络在模式识别、分类方面的应用。竞争型学习网络的核心——竞争层是许多神经网络模型的重要组成部分,例如 Kohonen 提出的自组织映射网(SOM)、Hecht-Nielson 提出的反传网络(CPN),Grossbcrg 提出的自适应共振理论(ART)网络模型等均包含有竞争层。

5. 结构修正型学习

生理学和解剖学的研究表明:神经网络结构的修正,即网络拓扑结构的变化,对动物的学习过程也起到了重要的作用。这意味着神经网络的学习不仅体现在权值的变化上,网络结构的变化也会对学习产生影响。

人工神经网络中关于结构修正型学习算法的研究也发展起来了。这类算法与权值修正算法两者之间具有互补作用。1988 年,Kruschke 将网络拓扑结构修正学习技术用于 BP 学习中分配新的隐单元。1988 年,Honavar 与 Uhr 在其报告中也指出了结构修正学习算法较之权值变化学习算法所具有的优点。

第8章 自然语言理解

8.1 相关概念

8.1.1 实义词和虚词

词分别属于两个主要的类:实义词和虚词。实义词用于标明对象、关系、性质、动作以及事件,而虚词在将词联合成句子时起构造作用。

实义词有4类,这根据它说明什么而定。

1. 名词描述对象、事件、物质等,如球(ball),人(man),沙(sand)和主意(idea)。
2. 形容词描述对象的性质,如red(红的),tall(高的),special(特别的)。
3. 动词描述在对象、活动和出现之间的关系,如seems(似乎),eat(吃),believe(相信),laugh(笑)。
4. 副词描述关系的性质或其他性质,如ample(充分的),very(非常),slowly(慢)。
5. 虚词是用来定义实义词如何用于句子中和它们是如何相关联的。常用虚词分类如下:

(1) 冠词指明特定对象,如a,the,this,that。

(2) 量词指明一对象集合的多少,如all(所有的),many(许多),some(一些),none(无)。

(3) 介词表示短语间的特殊关系,如in,by,onto,through。

(4) 连词表明句子和短语间的关系,如and,but,while。

通过加后缀或通过在句中的特殊用法,英语中属同一类型的词可自由地换成另一类的词。例如,sugar是个名词,它可用作动作,如"He sugared the coffee.",或用作形容词,如"It was too sugary for me."。这就是为什么在任何语言理论中词法都非常重要。假设一个特定词的一切用法都预先定义在一个结构中,我们称这个结构为词典。

8.1.2 短语结构

短语由词联合而成。4类实义词引入4类短语:名词短语、形容词短语、动词短语和副词短语。

每一类短语都有一个相似的总体结构:短语从一个可选择的虚词或被称为说明符的短语开始,后跟可选择的头前修饰符,再跟头,再跟对头词进行扩展的词(被称为头的补语),最后是头后的修饰词。头前分量是可选择的,它包括说明符或短语或修饰符。补语是可选择的,用以补充头词。头后补语也是可选择的,一般以修饰语的形式出现。补语与其他后修饰语的区别在于它与头词关系的紧密性。某些头词要求一定的补语,且该补语要由一个名词短语和一个位置短语组成,如:

He put the book on the shelf.

I put the book here.

而不能说

I put.

或

He put the book.

或

He put on the shelf.

后修饰语常常是可选择的,且似乎与头词没什么联系。例如介词短语"in the corner"可出现在许多名词或动词短语中用于指示对象或事件的一般位置。头词补语的结构对于它所在句子的结构起了主要作用。事实上,一些语法结构理论几乎都是根据关于约束的完整结构分析,这里的约束是指头词对句子的约束。

8.2 语法分析

8.2.1 转换网络

转换网络(transition network)全称为状态转换网络。它是一种由节点和有向边(弧)组成的有向图。其中,节点代表状态,有向弧代表从一个状态到另一个状态的转换。一个转换网络中一般有一个起始节点(代表起始状态),以及一个或多个终止节点(代表终止状态)。一般节点用单线圆圈表示,终止节点用双线圆圈表示。

转换网络也是一种自然语言文法的表示形式,用它也可对所给句子进行语法分析。图 8-1 为一上下文无关的状态转换网络,图中 S_0 为起始节点,S_5 为终止节点。

图 8-1 状态转换网络

让我们利用该网络进行语法分析。设有英语句子:

Mary wants a computer.

首先,将句子从起始节点处输入,起始状态 S_0 考察输入句子的左边第一个单词 Mary,因为它是名词,所以用名词转换,结果把剩下的单词序列推向 S_2;S_2 考察 wants,由于它是动词,因此用动词转换,但从 S_0 出发有两个动词转换,即有两条路可走,这时发现动词后面还有单词,只能走上面的一条路,于是就把剩下的单词序列推向 S_3;接着 S_3 考察的应是冠词 a,所以立即做冠词转换,又把剩下的单词推向 S_4;这时 S_4 发现它所考察的单词是个名词,于是就做名词转换,结果单词考察完毕,也刚好到达终止状态 S_5。这说明输入的句子是合乎语法的。

需指出的是,上述的状态转换网络是最基本、最简单的状态网络。所以它的功能有限,也存在不少问题。人们对它不断进行改进,又提出了递归转换网络(recursive transition network,RTN)和扩充转换网络(augmented transition network,ATN)等。特别是扩充转换网络,已经成为书写自然语言文法的重要方法之一。

8.2.2 扩充转换网络

扩充转换网络(ATN)是由伍兹在 1970 年提出的,1975 年由卡普兰(Kaplan)对其做了一些改进。ATN 是由一组网络构成的,每个网络都有一个网络名,每条弧上的条件扩展为条件加上操作。这种条件和操作通过寄存器来实现,在分析树的各个成分结构上都放上寄存器,用来存放句法功能和句法特征,条件和操作将对它们不断地进行访问和设置。ATN 弧上的标记也可以是其他网络的标记名,因此 ATN 是一种递归网络。在 ATN 中还有一种空弧 jump,它不对应一个句法成分也不对应一个输入词汇。

ATN 的每个寄存器由两部分构成:句法特征寄存器和句法功能寄存器。在句法特征寄存器中,每一维特征都由一个特征名和一组特征值以及一个缺省值来表示。例如,"数"的特征维可有两个特征值"单数"和"复数",缺省值可以是空值。英语中动词的形式可以用一维特征来表示:present,past,present-participle,past-participle。缺省值是 present。

句法功能寄存器则反映了句法成分之间的关系和功能。分析树的每个节点都有一个寄存器,寄存器的上半部分是特征寄存器,下半部分是功能寄存器。图 8-2 所示是一个简单的名词短语(NP)的扩充转换网络,网络中弧上的条件和操作如下:

NP $-1:f \xrightarrow{\text{det}} g$

  A:Number←*.Number

NP $-4:g \xrightarrow{\text{noun}} h$

  C:Number = *.Number or Φ

  A:Number←*.Number

NP $-5:f \xrightarrow{\text{pron.}} h$

  A:Number←*.Number

NP $-6:f \xrightarrow{\text{pron.}} h$

  A:Number←*.Number

该网络主要用来检查 NP 中的数的一致值问题。其中,用到的特征是 Number(数),它有两个值 singular(单数)和 plural(复数),缺省值是 Φ(空)。C 是弧上的条件,A 是弧上的

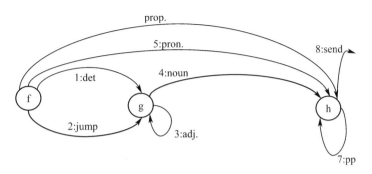

图 8-2　名词短语(NP)的扩充转换网络

操作，*是当前词，prop.是专用名词，det 是限定词，pp 是介词短语，*Number 是当前词的"数"。该扩充转换网络有一个网络名 NP。网络 NP 可以是其他网络的一个子网络，也可包含其他网络，如其中的 pp 就是一个子网络，这就是网络的递归性。弧 NP-1 将当前词的 Number 放入当前 NP 的 Number 中，而弧 NP-4 则要求当前 noun 的 Number 与 NP 的 Number 是相同时，或者 NP 的 Number 为空时，将 noun 作为 NP 的 Number，这就要求 det 的数和 noun 的数是一致的。因此，this book，the book，the books，these books 都可顺利通过这一网络，但是 this books 或 these book 则无法通过。如果当前 NP 是一个代词(pron.)或者专用名词(prop.)，那么网络就从 NP-5 或 NP-6 通过，这时 NP 的数就是代词或专用名词的数。pp 是一个修饰前面名词的介词短语，一旦到达 pp 弧就马上转入子网络 pp。

图 8-3 所示是一个句子的 ATN，主要用来识别主、被动态的句子，从中可以看到功能寄存器的应用。网络中所涉及的功能名和特征维如下：

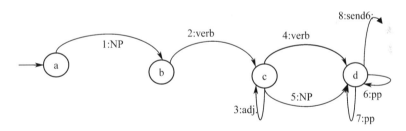

图 8-3　句子的扩充转换网络名

(1) 功能名：Subject(主语)，Direct-Obj(直接宾语)，Main-Verb(谓语动词)，Auxs.(助动词)，Modifiers(修饰语)。

(2) 特征维

①Voice(语态)：Active(主动态)，Passive(被动态)，缺省值是 Active。

②Type(动词类型)：Be，Do，Have，Modal，Non-Aux，缺省值是 Non-Aux。

③Form(动词式)：Inf(不定式)，Present(现在式)，Past(过去式)，Pres-part(现在分词)，Past-Part(过去分词)，缺省值是 Present。

当然，完整的 ATN 是相当复杂的，在实现过程中还必须解决许多问题，如非确定性分析、弧的顺序、非直接支配关系的处理等。ATN 方法在自然语言理解的研究中得到了广泛的应用。

8.3 语义解释

虽然逻辑表达式的意义能归纳为计算的外延和关于模型的真值,自然语言的意义要复杂得多。对一件事情而言,许多句子似乎不容易确定其真假值。例如,问题通常就没有真假值,人们不会去讲关于"谁来参加晚会?"的真或假。同样,像"请打开门"这样的要求也不容易根据真假值来分析。对课文中的句子最好是看作行动,可以考虑是否是成功的、恰当的等,而不是考虑它们是真还是假。

但是,真值条件在自然语言语义学中仍起主要作用,这是因为我们将句子分为语言行为的执行与它的命题内容。命题内容是句子有意义的部分,它可以有真值条件解释。句子可以有命题内容,即使它们被看成是关于世界的任何声明。例如,下面两个句子含有相同的命题内容。

Jack ate the pizza yesterday.
Did Jack eat the pizza yesterday?

第一句断言这个命题,而第二句典型地询问这个命题是否为真。计算命题的内容是本节的焦点。自然语言的意义高度依赖上下文,它包括指示表达,如代词和像"这里""昨天"这样的词语,只有联系上下文才能得到其意义。例如,代词"I"指的是说这个句子的人,"yesterday"(昨天)指的时间是相对于讲该句子的时间而言的。此外,有自然语言包含限定的描述,如"the man in the yellow hat"(戴黄帽子的人),它所指的人也只有联系上下文才能识别,因为戴黄帽子的人有许多,当这个名词短语被成功地利用时,只有在上下文中找到的那个才是有关的。

也许最大的问题是自然语言表达的高度多义性,它需要处理若干多义性来源,包括下面两个来源:

(1) 词意的多义性

有些词甚至在单个语法类中间也是多义的。动词"go"在多数字典中至少有 40 个不同意义。

(2) 范围的多义性

在单一的语法分析中,一个句子,例如"Every boy loves a dog."(每个男孩爱一只狗)也可以是多义的。可解释为每个男孩爱同一只狗,也可解释为每个男孩爱各自不同的狗。

受谓词逻辑的启示,下面将开发一种逻辑形式的语言,它适合于表示许多自然语言句子的意义。

一个词的不同意义(meaning)称词的意思(sense)。这些意思是逻辑形式语言的原始建筑模块。依照词所属语法类,它们在逻辑中都有相应的构造。例如,专有名词的意思是指特定的对象,正如逻辑中的常量一样;如词 John 可有一意思 John1。普通名词,如人、房子、主意的意思是对象集合,它对应于逻辑中的一元谓词。动词的意思相应于谓词,谓词的元数相应于动词所取的自变量数(即主语和在它补语中的不定个数的组元数)。表 8-1 为自然语言与逻辑间的近似对应。

词的意思联合形成命题,例如句子"Sue laughs."的逻辑形式是联合意思 SUE1 与动词意思 LAUGH1 构成简单命题(LAUGH1 SUE1)。自然语言提供了比逻辑更为丰富的量词集,因此为处理它们要进行语言扩展。自然语言中的量化与特定对象集有关,所以需使用推广的量词,即附加一变量,用它来指出量词作用的集合。例如,句子"Most dogs bark."(多数狗都叫)用表达式定义:

(MOST X_1:(DOG$_1$ X_1)(BARKS X_1))

此断言大多数对象满足主语 DOG S_1,也满足谓语 BARKS。这与下面的逻辑形式有非常不同的意义:

(MOST X_1:(BARKS X_1)(DOG$_1$ X_1))

上式为真,表示大多数叫的是狗。

表8-1 在自然语言与逻辑间的近似对应

语法类	例	相应逻辑结构
名称	John,New York,Times	常数
N	man,house,idea	一元谓词名称
V(不及物)	laugh	一元谓词名称
V(及物)	Find	三元谓词名称
V	believe,know,want	情态操作
C( )NJ	and,but	逻辑操作
ART	the,a,this	量词
QUANT	all,every,some,none	量词
ADJ	red,heavy	一元谓词
P	in,on,above	二元谓词

逻辑形式语言现在定义如下。

逻辑形式语言的项是以下任一个:

一个语义标号(如一个在逻辑形式语言中的变量)(如 X_1,Y_1)

专有名称的意思(如 JOHN1,NYTIMES2)

函数项作用于它的自变量的意思(例如(FATHER JOHN1))

在逻辑形式语言中的命题是以下任一个:

用 n 个项作自变量的 n 元谓词的意思(如(SAD1 JOHN1),(READ7 X NYTIMES2))

一个用命题作自变量的逻辑算子的意思(如(NOT(SAD1 JOHN1),(AND(DOG1 X)(BARK2 X)))

用项或命题作自变量的情态算子的意思(如(BELIEVE1 JOHN1(READ7 SUE1 NYTIMES2)))

一推广的量词形式(如(MANY X:(PERSON1 X)(READ7 X NYTIMES2)))

逻辑形式的语言包括一个编辑量词辖域多义性的特殊结构。在自然语言中,量词的辖域不能完全由语法结构决定,这样一来句子"Every boy loves a dog."是多义的。由于

(EVERY b1:(BOY1 b1)

(A d1:(DOG1 d1)(LOVES1 b1 d1)))

和

(A d1:(DOG d1)
(EVERY b1:(BOY b1)(LOVES b1 d1)))

一个具有 3 个量词的句子有 6 种可能的辖域分配,具有 4 个量词的句子则有 24 种可能的辖域分配,所以必须有编码这些可能性的方法。在逻辑形式的语言中是通过去辖域量词法,只要项是允许的且具有与推广量词结构头三部分相同的形式,为指示这些项的特定状态,将用尖括号书写。例如,"Every boy loves a dog."的去辖域量词形式为:

(LOVES1 < EVERY b1(BOY b1) < A d1(DOG d1) >)

这种多义的逻辑形式精确地抓住了两个解释的公共部分,但剩下的辖域仍未解决。

8.4 语言理解

8.4.1 简单句理解

要理解一个语句,需建立起一个和该简单句相对应的机内表达。而要建立机内表达,需要做以下两项工作:

(1) 理解语句中的每一个词;
(2) 以这些词为基础组成一个可以表达整个语句意义的结构。

第一项工作看起来很容易,似乎只是查一下字典就可以解决。实际上,由于许多单词有不止一种含义,因此只由单词本身不能确定其在句中的确切含义,需要通过语法分析,并参照上下文关系才能最终确定。例如,单词 diamond 有"菱形""棒球场"和"钻石"三种意思,在语句

John saw Susan's diamond shimmering from across the room.

中,由于 shimmering 的出现,则显然 diamond 是"钻石"的含义,因为"菱形"和"棒球场"都不会闪光。再如在语句

I'll meet you at the diamond.

中,由于 at 后面需要一个时间或地点名词作为它的宾语,显然这里的 diamond 的含义是棒球场,而不能是其他含义。

第二项工作也是一个比较困难的工作。要以这些单词为基础来构成表示一个句子意义的结构,需要依赖各种信息源,其中包括所用语言的知识、语句所涉及领域的知识以及有关该语言使用者应共同遵守的习惯用法的知识。由于这个解释过程涉及许多事情,因此常常将这项工作分成以下 3 个部分来进行:

① 语法分析。将单词之间的线性次序变换成一个显示单词如何与其他单词相关联的结构。语法分析确定语句是否合乎语法,因为一个不合语法的语句就更难理解了。

② 语义分析。各种意义被赋予由语法分析程序所建立的结构,即在语法结构和任务领域内对象之间进行映射变换。

③ 语用分析。为确定真正含义,对表达的结构重新加以解释。

这 3 部分工作虽然可依次分别进行,但实际上它们之间是相互关联的,总是以各种方法相互影响着,若要绝对分开是不利于理解的。

要进行语法分析，必须首先给出该语言的文法规则，以便为语法分析提供一个准则和依据。对于自然语言人们已提出了许多种文法，例如乔姆斯基(Chomsky)提出的上下文无关文法就是一种常用的文法。

一种语言的文法一般用一组文法规则(被称为产生式或重写规则)以及非终结符与终结符来定义和描述。例如，下面就是一个英语子集的上下文无关文法：

< sentence > :: = < noun - phrase > < verb - phrase >

< noun - phrase > :: = < determiner > < noun >

< verb - phrase > :: = < verb > < noun - phrase > | < verb >

< determiner > :: = the | a | an

< noun > :: = man | student | apple | computer

< verb > :: = eats | operats

这个文法有6条文法规则，它们是用BNF范式表示的。其中，带尖括号的项为非终结符，第一个非终结符称起始符，不带尖括号的项为终结符，符号"∷="的意思是"定义为"，符号"|"是"或者"的意思，而不带"|"的项之间是"与"关系。符号"∷="也可以用箭头"→"表示。

有了文法规则，对于一个给定的句子，就可以进行语法分析，即根据文法规则来判断其是否合乎语法。可以看出，上面的文法规则实际是非终结符的分解、变换规则。分解、变换从起始符开始，到终结符结束。如此，全体文法规则就构成一棵如图8-4所示的与/或树，我们称其为文法树。对一个语句进行语法分析的过程也就是在此与/或树上搜索解树的过程。可以看出，搜索解树可以自顶向下进行，也可以自底向上进行。自顶向下搜索就是从起始符 sentence 出发，推导所给的句子；自底向上搜索就是从所给的句子出发，推导起始符 sentence。

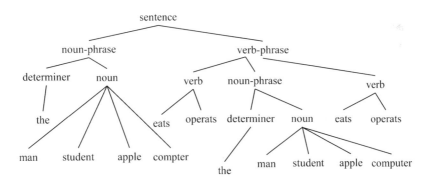

图8-4　文法树

语义分析就是要识别一个语句所表达的意思。语义分析的方法很多，如运用格文法、语义文法等。语义文法是进行语义分析的一种简单方法。所谓语义文法，就是在传统的短语结构文法的基础上，将名词短语、动词短语等不含语义信息的纯语法类别用所讨论领域的专门类别来代替。

8.4.2 复合句理解

简单句的理解不涉及句与句之间的关系,它的理解过程首先是赋单词以意义,然后再赋予整个语句一种结构。而一组语句的理解,无论它是一个文章选段,还是对话节录,句子之间都有相互关系。所以,复合句的理解不但要分析各个简单句,而且要找出句子之间的关系。这些关系的发现对于理解起着十分重要的作用。

句子之间的关系包括以下几种:

(1) 相同的事物,例如"小华有个计算器,小刘想用它。"单词"它"和"计算器"指的是同一物体。

(2) 事物的一部分,例如"小林穿上她刚买的大衣,发现掉了一个扣子。""扣子"指的是"刚买的大衣"的一部分。

(3) 行动的一部分,例如"王宏去北京出差,他乘早班飞机动身。"乘飞机应看成是出差的一部分。

(4) 与行动有关的事物,例如"李明准备骑车去上学,但他骑上车子时,发现车胎没气了。"李明的自行车应理解为是与他骑车去上学这一行动有关的事物。

(5) 因果关系,例如"今天下雨,所以不能上早操。"下雨应理解为是不能上操的原因。

(6) 计划次序,例如"小张准备结婚,他决定再找一份工作干。"小张对工作感兴趣,应理解为是由于他要结婚,而结婚需要钱而引起的。

要能够理解这些复杂的关系,必须具有相当多领域的知识才行,也就是要依赖于大型的知识库,而且知识库的组织形式对能否正确理解这些关系起着很重要的作用。特别是对于较大的知识库,应考虑如何将问题的"焦点"集中在知识库的相关部分。例如,对于下面的一段话:

"接着,把虎钳固定到工作台上。螺栓就放在小塑料袋中。"

显然,第二句中的螺栓就是第一句中用来固定虎钳的螺栓。所以,如果在理解第一句时就把需要用的螺栓置于"焦点"之中,则全句的理解就容易了。因此,需要表示出与"固定"有关的知识,以便在见到"固定"时能方便地提取出来。

对于描述内容与行为有关的复合语句,也可采用目标结构的方法帮助理解。即对于常见的一些行为目标,事先制定出其行动规划,这样,当语句所描述的情节中的某些信息被省略时,可以调用这些规划,通过推导找到问题的答案。

8.5 机器翻译

电子计算机出现之后不久,人们就想使用它来进行机器翻译。只有在理解的基础上才能进行正确的翻译,否则将遇到一些难以解决的困难。如果不能较好地克服这些困难,就不能实现真正的翻译。

机器翻译即让机器模拟人的翻译过程。人在进行翻译之前,必须掌握两种语言的词汇和语法,机器也是这样。机器在进行翻译之前,它的存储器中已存储了由语言学工作者编好的并由数学工作者加工过的机器词典和机器语法。人进行翻译时所经历的过程,机器也同样遵照执行:先查词典得到词的意义和一些基本的语法特征(如词类等),如果查到的词不止一个意义,那么就要根据上下文选取所需要的意义;在弄清词汇意义和基本语法特征之后,就要进一步明确各个词之间的关系;此后,根据译语的要求组成译文(包括改变词序、翻译原文词的一些形态特征及修辞)。

机器翻译的过程一般包括4个阶段:原文输入、原文分析(查词典和语法分析)、译文综合(调整词序、修辞和从译文词典中取词)和译文输出。下面以英汉机器翻译为例,简要地说明一下机器翻译的整个过程。

8.5.1 原文输入

由于计算机只能接受二进制数字,所以字母和符号必须按照一定的编码法转换成二进制数字。例如 What are computers 这 3 个词就要变为下面这样 3 大串二进制代码:

What	110110	100111	100000	110011	
are	100000	110001	110100		
computers	100010	101110	101100	101111	110100
	110011	100100	110001	110010	

8.5.2 原文分析

原文分析包括两个阶段:查词典和语法分析。

1. 查词典

通过查词典,给出词或词组的译文代码和语法信息,为以后的语法分析及译文的输出提供条件。机器翻译中的词典按其任务不同而分成以下几种:

(1) 综合词典

综合词典是机器所能翻译的文本的词汇大全,一般包括原文词及其语法特征(如词类)、语义特征和译文代码,以及对其中某些词进一步加工的指示信息(如同形词特征、多义词特征等)。

(2) 成语词典

成语词典为了提高翻译速度和质量,可以把成语词典放到综合词典前面。

(3) 同形词典

同形词典专门用来区分英语中有语法同形现象的词。

(4) (分离)结构词典

某些词在语言中与其他词可构成一种可嵌套的固定格式,把这类词称为分离结构词。根据这种固定搭配关系,可以简便而又切实地给出一些词的词义和语法特征(尤其是介词),从而减轻了语法分析部分的负担。例如 effect of ... on。

(5) 多义词典

语言中一词多义现象很普遍,为了解决多义词问题,我们必须把源语的各个词划分为一定的类属组。

通过查词典,原文句中的词在语法类别上便可成为单功能的词,在词义上成为单义词

（某些介词和连词除外）。这样就给下一步语法分析创造了有利条件。

2. 语法分析

在词典加工之后，输入句就进入语法分析阶段。语法分析的任务是：进一步明确某些词的形态特征；切分句子；找出词与词之间句法上的联系，同时得出英汉语的中介成分。总而言之，为下一步译文综合做好充分的准备。

根据英汉语对比研究发现，翻译英语句子除了翻译各个词的意义之外，主要是调整词序和翻译一些形态成分。为了调整词序，首先必须弄清需要调整什么，即找出调整的对象。根据分析，英语句子一般可以分为这样一些词组：动词词组、名词词组、介词词组、形容词词组、分词词组、不定式词组、副词词组。正是这些词组承担着各种句法功能：谓语、主语、宾语、定语、状语……除谓语外，它们都可以作为调整的对象。

如何把这些词组正确地分析出来，是语法分析阶段的一个主要任务。上述几种词组中需要专门处理的，实际上只是动词词组和名词词组。不定式词组和分词词组可以说是动词词组的一部分，可以与动词同时加工：动词前有 to，且又不属于动词词组，一般为不定式词组；-ed 词如不属于动词词组，又不是用作形容词，便是分词词组；-ing 词比较复杂，如不属于动词词组，还可能是某种动名词，如既不属于动词词组，又不是动名词，则是分词词组。形容词词组确定起来很方便，因为可以构成形容词词组的形容词在词典中已得到"后置形容词"特征。只要这类形容词出现在"名词+后置形容词+介词+名词"这样的结构中，形容词词组便可确定。介词词组更为简单，只要同其后的名词词组连接起来即可构成。比较麻烦的是名词词组的构成，因为要解决由连词 and 和逗号引起的一系列问题。

8.5.3 译文综合

译文综合比较简单，事实上它的一部分工作（如该调整哪些成分和调整到什么地方）在上一阶段已经完成。这一阶段的任务主要是把应该移位的成分调动一下。

如何调动，即采取什么加工方法，是一个非同一般的问题。根据层次结构原则，下述方法被认为是一种合理的加工方法：首先加工间接成分，从后向前依次取词加工，也就是从句子的最外层向内层加工；其次是加工直接成分，依成分取词加工；如果是复句，还要分情况进行加工。对一般复句，在调整各分句内部各种成分之后，各分句都作为一个相对独立的语段处理，采用从句末（即从句点）向前依次选取语段的方法加工；对包孕式复句，采用先加工插入句，再加工主句的方法。这是因为，如不提前加工插入句，主句中跟它有联系的那个成分一旦移位，它就失去了自己的联系词，整个关系就要混乱。

译文综合的第二个任务是修辞加工，即根据修辞的要求增补或删掉一些词。例如可以根据英语不定冠词、数词与某类名词搭配增补汉语量词"个""种""本""条""根"等；若有 even（甚至）这样的词出现，谓语前可加上"也"字；若主语中有 every（每个）、each（每个）、all（所有）、everybody（每个人）等词，谓语前可加上"都"字，等等。

译文综合的第三个任务是查汉文词典，根据译文代码（实际上是汉文词典中汉文词的顺序号）找出汉字的代码。

8.5.4 译文输出

这一阶段通过汉字输出装置将汉字代码转换成文字,打印出译文来。

目前世界上已有多种面向应用的机器翻译规则系统。其中一些是机助翻译系统,有的甚至只是让机器帮助查词典,但是据说也能把翻译效率提高50%。这些系统都还存在一些问题,有的系统人在其中参与太多,有所谓的"译前加工""译后加工""译间加工",离真正的实际应用还有一段距离。

8.6 语音识别

语音识别以语音为研究对象,它是语音信号处理的一个重要研究方向,是模式识别的一个分支,涉及生理学、心理学、语言学、计算机科学以及信号处理等诸多领域,甚至还涉及人的体态语言(比如人在说话时的表情、手势等行为动作可帮助对方理解),其最终目标是实现人与机器进行自然语言通信。

8.6.1 基本原理

语音识别系统的分类方式及依据如下:

(1) 根据对说话人说话方式的要求,可以分为孤立字语音识别系统、连接字语音识别系统和连续语音识别系统。

(2) 根据对说话人的依赖程度可以分为特定人和非特定人语音识别系统。

(3) 根据词汇量大小,可以分为小词汇量、中等词汇量、大词汇量以及无限词汇量语言识别系统。不同的语音识别系统,虽然具体实现细节有所不同,但所采用的基本技术相似。

一个典型语音识别系统主要由预处理、特征提取、训练和模式匹配等模块构成,下面就简单介绍这几个模块。

(1) 预处理:包括语音信号采样,反混叠带通滤波,去除个体发音差异和设备、环境引起的噪声影响等,并涉及语音识别基元的选取和端点检测问题。

(2) 特征提取:用于提取语音中反映本质特征的声学参数,如平均能量、平均跨零率、共振峰等。

(3) 训练:在识别之前通过让讲话者多次重复语音,从原始语音样本中去除冗余信息,保留关键数据,再按照一定规则对数据加以聚类,形成模式库。

(4) 模式匹配:这是整个语音识别系统的核心,根据一定规则(如某种距离测度)以及专家知识(如构词规则、语法规则、语义规则等),计算输入特征与库存模式之间的相似度(如匹配距离、似然概率),判断出输入语音的语意信息。

8.6.2 语音识别的难点

目前,语音识别的研究工作进展缓慢,主要表现在理论上一直没有突破。虽然各种新的修正方法不断涌现,但还缺乏普遍适用性。主要表现在以下几个方面。

(1)语音识别系统的适应性差,主要体现在对环境依赖性强,即在某种环境下采集到的语音训练系统只能在这种环境下应用,否则系统性能将急剧下降;对用户的错误输入不能正确响应,使用不方便。

(2)高噪声环境下的语音识别进展困难,因为此时人的发音变化很大,像声音变高、语速变慢、音调及共振峰变化等,这就是所谓的Lombard效应,必须寻找新的信号分析处理方法。

(3)语言学、生理学、心理学方面的研究成果已有不少,但如何把这些知识量化、建模并用于语音识别,还需进一步的研究。而语言模型、语法及词法模型在中、大词汇量连续语音识别中是非常重要的。

(4)目前对人类的听觉理解、知识积累和学习机制以及大脑神经系统的控制机理等方面的认识还很不清楚,而且要把这些方面的现有成果用于语音识别还需要经过一个艰难的过程。

(5)语音识别系统从实验室演示系统到商品的转化过程中还有许多具体问题需要解决,如识别速度、拒识问题以及关键词(句)检测技术(即从连续语音中去除"啊""唉"等语音,获得真正待识别的语音部分)等技术细节。

为了解决这些问题,研究人员提出了各种各样的方法,如自适应训练、基于最大互信息准则(MMI)和最小区别信息准则(MDI)的区别训练和"矫正"训练;应用人耳对语音信号的处理特点,分析提取特征参数,应用人工神经元网络等。所有这些努力都取得了一定成绩,不过,如果要使语音识别系统性能有大的提高,就要综合应用语言学、心理学、生理学以及信号处理等各门学科的有关知识,只用其中一种是不行的。

8.6.3 关键技术

语音识别技术主要包括特征参数提取技术、模式匹配准则及模型训练技术3个方面,此外还涉及语音识别单元的选取。下面对其进行介绍。

1. 语音识别单元的选取

选择识别单元是语音识别研究的第一步。语音识别单元有单词(句)、音节和音素3种,具体选择哪一种,由具体的研究任务决定。单词(句)单元广泛应用于中、小词汇量语音识别系统,但不适合大词汇量语音识别系统,原因在于模型库太庞大,训练模型任务繁重,模型匹配算法复杂,难以满足实时性要求。音节单元多见于汉语语音识别,主要因为汉语是单音节结构的语言,而英语是多音节,并且汉语虽然有大约1 300个音节,但若不考虑声调,约有408个无调音节,数量相对较少。因此,对于中、大词汇量汉语语音识别系统来说,以音节为识别单元基本是可行的。音素单元以前多见于英语语音识别的研究中,但目前中、大词汇量汉语语音识别系统也在越来越多地采用音素单元作为识别单元。原因在于汉语音节仅由声母(包括零声母有22个)和韵母(共有28个)构成,且声母和韵母声学特性相差很大。实际应用中常把声母依后续韵母的不同而构成细化声母,这样虽然增加了模型数目,但提高了区分易混淆音节的能力。由于协同发音的影响,音素单元不稳定,所以如何获得稳定的音素单元,还有待研究。

2. 特征参数提取技术

语音信号中含有丰富的信息，但如何从中提取出对语音识别有用的信息呢？特征参数提取完成的就是这项工作，它对语音信号进行分析处理，去除对语音识别无关紧要的冗余信息，获得影响语音识别的重要信息。对于非特定人语音识别来讲，希望特征参数反映尽可能多的语义信息，尽量减少说话人的个人信息（对特定人语音识别来讲，则相反）。从信息论角度来看，这是信息压缩的过程。线性预测（LP）分析技术是目前应用广泛的特征参数提取技术，许多成功的应用系统都采用基于 LP 技术提取的倒谱参数。但线性预测模型是纯数学模型，没有考虑人类听觉系统对语音的处理特点。Mel 参数和基于感知线性预测（PLP）分析提取的感知线性预测倒谱，在一定程度上模拟了人耳对语音的处理特点，应用了人耳听觉感知方面的一些研究成果。实验证明，采用这种技术，语音识别系统的性能有一定提高。

3. 模式匹配及模型训练技术

模型训练是指按照一定的准则，从大量已知模式中获取表征该模式本质特征的模型参数。模式匹配则是根据一定准则，使未知模式与模型库中的某一个模型获得最佳匹配。

语音识别所应用的模式匹配及模型训练技术主要有动态时间归正技术（DTW）、隐马尔可夫模型（HMM）和人工神经元网络（ANN）。

DTW 是较早的一种模式匹配和模型训练技术，它应用动态规划方法成功解决了语音信号特征参数序列比较时时长不等的难题，在孤立词语音识别中获得了良好性能。但因其不适合连续语音大词汇量语音识别系统，目前已被 HMM 模型和 ANN 替代。

HMM 模型是语音信号时变特征的有参表示法。它由相互关联的两个随机过程共同描述信号的统计特性，其中一个是隐蔽的（不可观测的）具有有限状态的 Markov 链，另一个是与 Markov 链的每一状态相关联的观察矢量的随机过程（可观测的）。隐蔽 Markov 链的特性要靠可观测到的信号特征揭示。这样，语音等时变信号某一段的特征就由对应状态观察符号的随机过程描述，而信号随时间的变化由隐蔽 Markov 链的转移概率描述。模型参数包括 HMM 拓扑结构、状态转移概率及描述观察符号统计特性的一组随机函数。按照随机函数的特点，HMM 模型可分为离散隐马尔可夫模型（采用离散概率密度函数，简称 DHMM）和连续隐马尔可夫模型（采用连续概率密度函数，简称 CHMM）以及半连续隐马尔可夫模型（简称 SCHMM，兼有 DHMM 和 CHMM 的特点）。一般来讲，在训练数据足够时，CHMM 优于 DHMM 和 SCHMM。HMM 模型的训练和识别都已研究出有效的算法，并不断被完善，以增强 HMM 模型的鲁棒性。

人工神经元网络在语音识别中的应用是研究热点之一。ANN 本质上是一个自适应非线性动力学系统，模拟了人类神经元活动的原理，具有自学、联想、对比、推理和概括能力。这些能力是 HMM 模型不具备的，但 ANN 又不具有 HMM 模型的动态时间归正性能。因此，已有研究把二者的优点有机结合起来，从而提高整个模型的鲁棒性。

第 9 章 遗 传 算 法

9.1 相 关 概 念

遗传算法(genetic algorithms,GA)是在 20 世纪 60 年代被提出来的,是受遗传学中自然选择和遗传机制启发而发展起来的一种搜索算法。遗传算法是当代人工智能科学的一个重要研究分支,是一类借鉴生物界自然选择和自然遗传机制的随机搜索算法,非常适合用于处理传统搜索方法难以解决的复杂和非线性优化问题。遗传算法可广泛应用于组合优化、机器学习、自适应控制、规划设计和人工生命等领域,是 21 世纪有关智能计算的重要技术之一。

9.1.1 遗传算法与进化论

遗传算法是在自然选择条件下,根据基因遗传学原理实现的一种搜索算法。它吸取了自然生物系统"适者生存"的进化原理,将达尔文这一进化理论引入人工"适者生存",揭示了大自然生物进化过程中的一个规律:最适合自然环境的群体往往产生了更大的后代群体。

生物的遗传物质的主要载体是染色体(chromosome),DNA 是其中最主要的遗传物质,而基因(gene)则是扩展生物性状的遗传物质的功能单元和结构单位。染色体中基因的位置称作基因座(locus),而基因所取的值叫作等位基因(alleles)。基因和基因座决定了染色体的特征,也决定了生物个体(individual)的性状。

以一个初始群体(population)为起点,经过竞争后,一部分群体被淘汰而无法再进入这个循环圈,而另一部分则成为种群。种群经过婚配产生子代群体(简称子群),在进化的过程中,可能会因为变异而产生新的个体。综合变异的作用,子群成长为新的群体而取代旧群体。在新的一个循环过程中,新的群体代替旧的群体而成为循环的开始。

遗传算法主要借用生物进化中"适者生存"的规律。在遗传算法中,染色体对应的是数据或数组,通常是由一维的串结构数据来表示的。串上各个位置对应基因座,而各位置上所取的值对应等位基因。

9.1.2 遗传算法的发展史

遗传算法于 20 世纪 60 年代由密歇根大学(University of Michigan)的 Hollstien、Bagleyh 和 Rosenberg 等人在其博士论文中首先加以研究。

1975 年是遗传算法研究历史上十分重要的一年。这一年,美国的 J. H. Holland 教授在

其著作 *Adaptation in Natural and Artificial Systems* 中系统地对遗传算法进行了阐述,给出了遗传算法的基本定理和大量的数学理论证明。遗传算法基于达尔文进化论的观点,依据适者生存、优胜劣汰等自然进化规则,通过计算机来模拟生命进化的机制,进行智能优化计算和问题搜索求解。特别是在解决一些传统数学难题以及常规条件下明显失效的复杂问题时,遗传算法提供了一个行之有效的新途径,为人工智能的研究带来了新的发展前景,成为信息科学领域中的一门新兴学科。

1975 年 J. H. Holland 博士提出遗传算法时,并没有引起学术界足够的重视。直到 20 世纪 80 年代中期,随着计算机技术日新月异的高速发展与进步,遗传算法首先成功地应用于人工智能的机器学习和神经网络方面,后来又在函数优化、自动控制、图像识别、分子生物学、优化调度以及机械、土木、电力工程等工业系统和许多领域中得到应用,展现出诱人的前景。从此,遗传算法及其发展,得到了学术界普遍的密切关注与认可。

20 世纪 80 年代以后,遗传算法进入兴盛发展时期,无论是理论研究还是应用研究都成了十分热门的课题。遗传算法广泛应用于自动控制、生产计划、图像处理、机器人等研究领域。David E. Goldberg 教授 1989 年出版了 *Genetic Algorichms* 一书,这一著作通常被认为是对遗传算法的方法、理论及应用的全面系统的总结。从 1985 年起,国际上开始陆续举办遗传算法的国际会议,后来又将其更名为进化计算。参加进化计算国际会议的人数及收录文章的数量、广度和深度逐年扩展。从此,进化计算逐渐成为人们用来解决高度复杂问题的新思路和新方法。

9.1.3 遗传算法设计的原则及内容

遗传算法是一个通过基因选择、重组、复制、评价计算,从而循环繁殖、继承而不断地进化以接近于最佳种群的过程。换言之,这是一个自适应地逐渐找到最优解的组织实现过程。

研究遗传算法的目的:一方面,是想要进一步解释自然界的适应过程;另一方面,是为了将自然生物系统的重要机理运用到人工系统的设计中。

1. 遗传算法设计的基本原则

(1)适用性

一个算法的适用性是指该算法所能适用的问题种类,它取决于算法所需的限制和假定。优化问题不同,则相应的处理方式也不同。

(2)可靠性

一个算法的可靠性是指算法对于所设计的问题,以适当的精度求解其中大多数问题的能力。演化计算的结果带有一定的随机性和不确定性,所以在设计算法时应尽量经过较大样本的检验,以确认算法是否具有较大的可靠度。

(3)收敛性

一个算法的收敛性是指该算法能否收敛到全局最优。在收敛的前提下,还希望算法具有较快的收敛速度。

(4)稳定性

一个算法的稳定性是指该算法对其控制参数及问题数据的敏感度。如果算法对其控制参数或问题数据十分敏感,则依据它们取值的不同,将可能产生不同的结果,甚至过早地收敛到某一局部最优解。因此,在设计算法时应尽量使得对一组固定的控制参数,算法能在较广泛的问题数据范围内解题。而且,对一组给定的问题数据,算法应对其控制参数的微小扰动不很敏感。

(5)生物类比

因为遗传算法的设计思想是基于生物演化过程的,所以那些在生物界被认为是有效的方法及操作可以通过类比的方法引入到算法中,有时会带来较好的结果。

2. 遗传算法设计的基本内容

(1)编码方案

遗传算法求解问题不是直接作用在问题的解空间上的,而是作用于解的某种编码的。因此,编码表示方式有时对算法的性能、效率等会产生很大影响。

(2)适应度函数

适应值是对解的质量的一种度量。它通常依赖于解的行为与环境(即种群)的关系,一般以目标函数的形式来表示。解的适应性是进化过程中进行选择的唯一依据。

(3)选择策略

优胜劣汰的选择机制使得适应值大的解有较高的存活概率。这是遗传算法与一般搜索算法的主要区别之一。不同的选择策略对算法的性能也有较大的影响。

(4)控制参数

控制参数主要包括种群的规模、算法执行的最大代数、执行不同遗传操作的概率以及其他一些辅助性的控制参数。

(5)遗传算子

遗传算子是模拟生物基因遗传的操作,从而实现优胜劣汰的进化过程。它主要包括3个基本遗传算子:选择(selection)、交叉(crossover)、变异(mutation)。

(6)算法的终止准则

由于遗传算法没有利用目标函数的梯度等信息,所以在演化过程中无法确定个体在解空间的位置,从而无法用传统的方法来判定算法收敛与否以终止算法。常用的办法是预先规定一个最大的演化代数,或算法在连续多少代以后解的适应值没有什么明显的改进时令算法终止。

9.1.4 遗传算法的鲁棒性

与其他寻优算法比较起来,遗传算法具有优良的鲁棒性。

遗传算法具有计算简单及功能强的特点,它对于搜索空间基本上不需要什么限制性的假设(如连续、导数存在及单峰等)。其主要表现特性可以归纳如下:

(1)采用编码技术

遗传算法通常只对参数的编码进行操作,利用简单的编码技术和繁殖机制来表现复杂的现象,适于解决各种复杂困难的问题,尤其适合用于大规模复杂问题的求解优化。

(2) 从全局中寻优

遗传算法并不要求只从一个初始节点开始操作,它能以很大的概率从离散的、多极值的、含有噪声的高维问题中搜索到全局的最优解。

(3) 采用目标函数来引导计算

遗传算法在全局解状态空间中采用一种目标函数来引导计算,通过计算适应度函数的值来引导层、代之间的启发式随机搜索,不受搜索空间限制性假设的约束,不需要其他的附属信息,故对问题的依赖性较小,搜索效率也往往优于其他方法。

(4) 应用范围广

遗传算法使用概率的驱动原则,对于要求解寻优的系统及函数表达形式没有特别要求。它们可以是各种数学关系表达的显函数、关系矩阵以及神经网络等知识表示的隐函数,因而应用范围极广。

(5) 采用并行计算

遗传算法可以同时对许多点并行操作,适于采用并行计算手段,这样就可以通过大规模并行计算来提高系统处理和求解寻优的速度。

总之,与其他各种寻优算法相比,遗传算法依据其计算过程的进化模拟,寻求过程性能的改进,常常能够大范围有效地搜索到全局最优解。遗传算法具有优良的鲁棒性,更由于其源于进化理论,结合了计算机技术、智能信息科学的发展进步以及新世纪生命科学发展的潜在优势,遗传算法及其进化计算也许又将迎来一个新的应用热潮。

9.2 遗传算法的工作原理

9.2.1 基本思想

遗传算法的基本思想是使用模拟生物和人类进化的方法求解复杂的优化问题,因此也被称为模拟进化优化算法。模拟进化优化算法在计算原理上是自适应的,在结构上是并行的,而且模仿了人的智能处理特征,因而成为人工智能的一个重要研究领域。

遗传算法将择优与随机信息交换结合在一起,在每一代中,用上代中最好的,即选择最适应环境的位或片段形成新的人工生物集。遗传算法虽然是随机化方法,但它不是简单的随机搜索,而是有效利用历史信息来推测新的搜索点。为了推测新的搜索点,遗传算法利用了下面要讲到的遗传操作。遗传算法是计算机与遗传学相结合的产物。

遗传算法是一个迭代过程,在每次迭代中都保留一组候选解,并按某种优劣指标进行排序,然后按某种指标从中选出一些解,利用遗传算子,即下面要讲到的遗传操作,对其进行运算以产生新一代的一组解。重复上述过程,直到满足指定的收敛要求为止。

基本遗传算法模拟自然界中的生物进化过程,把要求解问题的状态空间映像为遗传空间。首先,把每一个可能的解编码为向量,表示为二进制或十进制的数字符串,称之为染色体(chromosome)或个体,而把向量中的每个元素称为基因(genes),然后把所有的染色体组成群体(population)或集团,按预定的目标函数对每个染色体进行评价,根据其结果给出一个适应度的值。

遗传算法的基本思想实现步骤如图 9-1 所示。

图 9-1　遗传算法的基本思想实现步骤

当算法开始，先随机地产生一些染色体，通常称之为候选解，组合为初始种群；随后对这些染色体进行向量编码，得到种群 $P(t)$；再对种群 $P(t)$ 进行适应度的计算。这样，根据计算的适应度及其数值比较，就可对诸染色体进行选择复制、交换、变异等遗传操作，剔除适应度低的那些性能不佳的染色体，留下适应度高的并且性能优良的染色体，于是就得到了新的种群 $P(t+1)$。一般来说，新种群 $P(t+1)$ 的成员是从上一代种群中挑选而得到的适应度高的优秀者，继承了上一代的优良特性，自然性能要明显优于上一代。

9.2.2　基本操作

为了清晰地展现遗传算法的特点，下面通过一个简单的例子进一步详细描述遗传算法基本操作的运算步骤，并给出原理分析。

【例 9-1】　设有函数 $f(x)=x^2$，试用遗传算法求其自变量 x 在区间 $[0,31]$ 取整数值时的最大值，并说明此函数的优化问题。

对此问题虽然也可以采用枚举的方法来解决，但枚举法却是一种效率很低的方法。下

面运用遗传算法来求解这个问题。为得到染色体的数字符串组成的初始种群,首先对问题进行初始化,步骤如下:

(1) 确定适当的编码方案

首先将 x 编码表示为染色体的数字符串。针对本题中自变量 x 的定义域,其取值范围为 $[0,31]$,考虑采用二进制数来对其编码,$2^5=32$,故使用 5 位无符号二进制数组成染色体数字符串来表达变量 x 及问题的解答过程。

(2) 选择初始种群

通过随机的方法来产生染色体的数字符串,并组成初始种群。例如,为得到数字符串的某位,又称基因(genes),使用计算机在 0~1 之间产生随机数 K,并按照数 K 的变化区域来规定基因代码如下:

$$G = \begin{cases} 0 & 0 \leq K \leq 0.5 \\ 1 & 0.5 \leq K \leq 1 \end{cases}$$

假设用上述方法随机生成了 4 个染色体的数字符串,它们是:

01101
11000
01000
10011

这样,我们就成功构造了初始种群,完成了遗传算法的准备工作。接下来介绍遗传算法的 3 个基本操作:复制、交叉、变异。

1. 复制

复制操作又称繁殖、再生,也有人把上述初始种群的获得连同复制过程一起叫作选择运算。为了从原种群中选择出适应性强的某些染色体,必须根据目标函数适应度的计算挑选适应(配)值高的个体进行复制。通常,可以将目标函数制订为获得的效益、利润、功效等指标的量度函数。例 9-1 中,可把目标函数值确定为适应值。这样,当其数值越大,表示适应度越高。

这里,适应值相当于自然界中的一个生物为了生存所具备的各项能力的大小,它决定了该染色体是被复制还是被淘汰。按照适应值进行串复制的意义在于:选择适应值大的串作为母本,使其在下一代中有更多的机会繁殖它们的子孙。这个操作步骤模仿了达尔文提出的适者生存和优胜劣汰的自然选择现象。

某个染色体是否被复制,还可以通过概率决策法或适应度比例法来决定,也可以使用"轮盘赌"的随机方法来决定。例如,要在 4 个种子个体中做选择,要求仍然得到 4 个染色体,可依据适应度概率比例制定如下规则:适应度概率比例 P_c 低于 0.125 的染色体被淘汰;P_c 为 0.125~0.375 的染色体被复制 1 个;P_c 为 0.375~0.625 的染色体被复制 2 个;P_c 为 0.625~0.875 的染色体被复制 3 个;P_c 为 0.875 以上的染色体可复制 4 个。

在适应度比例法的基础上,又可以引入轮转法。所谓轮转法,即把种群中所有染色体适应度的分布看作是一个按总和比例分布的圆周形轮子,各个染色体按其适应度在总和中所占的比例占据轮子的一个扇区;每次染色体的选择可看作轮子的一次随机转动,它转到哪一个扇区,那一个扇区所对应的染色体就被选中。尽管这种选择方法是随机的,但它被选中的概率与各染色体适应度数值成比例。也就是说,适应度大的染色体占据轮子扇区面积大,被选中的概率高;适应度小的染色体占据轮子扇区面积小,被选中的概率就低。

使用"轮盘赌"的随机方法则可以先后 4 次旋转经划分的轮盘,从而产生 4 个下一代的种群。

对应例 9-1,按照适应度的计算,表 9-1 列出了初始种群染色体对应的适应值及占整体的比例。

表 9-1 初始种群染色体及对应的适应值及占整体的比例

染色体标号	串 x	适应值 $f(x)=x^2$	占整体的比例
1	01101	169	14.4%
2	11000	576	49.2%
3	01000	64	5.5%
4	10011	361	30.9%
总计 $\sum$(初始种群值)		1 170	100.0%

对应"轮盘赌"的随机方法,根据表 9-1,绘制出的"轮盘赌"转盘。

某一染色体被选中的概率为

$$P_c = \frac{f(x_i)}{\sum f(x_i)}$$

式中 $f(x_i)$——种群中第 i 个染色体的适应度;

$\sum f(x_i)$——种群中所有染色体的适应度之和。

染色体编码 01101 占据轮盘面积的比例为 14.4%。因此,每转动一次轮盘,结果落入串 1 所占区域的概率即为 0.144。显然,对应大的适应值的串在下一代中将有较多的子孙。每当选中一个串,这个数字符串所代表的染色体就将被完整地复制。将该染色体添入匹配池,就得到了新种群的染色体。因此,旋转 4 次轮盘,就产生了 4 个染色体。这 4 个染色体是在上一代种群中有选择的复制,有的染色体可能被复制一次或多次,有的则可能被淘汰。

表 9-2 为初始种群染色体准备复制操作的各项计算数据。

表 9-2 初始种群染色体准备复制操作的各项计算数据

编号	初始种群（随机产生）	x 值（无符号整数）	适应值 $f(x)=x^2$	选择概率 P_c	期望值 $\frac{f(x_i)}{f_A}$	实际复制数（或转轮）
1	01101	13	169	0.144	0.58	1
2	11000	24	576	0.492	1.97	2
3	01000	8	64	0.055	0.22	0
4	10011	19	361	0.309	1.23	1
总计 $\sum$(初始种群值)			1170	1.00	4.00	4.0
平均(A)			293	0.25	1.00	1.0
最大值(MAX)			576	0.49	1.97	2.0

这样,经复制操作后,得到新的染色体种群为

01101
11000
11000
10011

实际上,串 1 被复制了 1 次,串 2 被复制了 2 次,串 3 被淘汰,串 4 也被复制了 1 次。

由此可见,人们可根据适应度数值的计算来确定复制操作的概率,从而在旧种群中选择出优秀染色体,构造并得到新的种群。

2. 交叉

为了在新种群中不仅复制出优秀的染色体,而且还能创造新的染色体,研究遗传算法的学者们又提出了交叉(又称交换)操作。交叉操作模拟生物进化过程的繁殖现象,通过两个染色体的交换组合产生新的优良品种。交叉操作可以具体分为如下两步:①将新复制产生的匹配池中的成员随机两两匹配,称之为双亲染色体;②把双亲染色体进行交叉繁殖。具体过程如下:

设染色体数字符串的长度为 L,把 L 个数字位之间的空隙分别标记为

$$1, 2, \cdots, L-1$$

随机地从 $[1, L-1]$ 中选取某一整数位置 k,显然 $0 < k < L$ 且为整数。交换双亲染色体交换点位置 t 右边的部分,就形成了两个新的数字符串(也可以只交换其中的第 k 个基因),得到了两个新的染色体,称之为下一代染色体。也就是说,交叉操作能够创造新的子代染色体,并允许对搜索空间中的新点进行测试。此外,交叉操作也体现了自然界中信息交换的思想。例如,将上例初始种群的两个体

$$A_1 = 01:10:1$$
$$A_2 = 11:00:0$$

假定从 1 到 4 间选取两个随机数,得到 $k_1 = 2, k_2 = 4$,那么经过交叉操作之后将得如下两组新的数字符串:

$$\begin{cases} A'_1 = 01000 \\ A'_2 = 11101 \end{cases}$$

$$\begin{cases} A'_3 = 01100 \\ A'_4 = 11001 \end{cases}$$

前一组数字符串是使用 $k_1 = 2$,即将第 2 位之后的 3~5 位进行交换得到的结果;后一组数字符串是使用 $k_2 = 4$,即仅将第 5 位因子进行交换得到的结果。

复制和交叉操作如何能使系统获得性能的改进呢?下面举例说明。假设某企业为了生产一种产品,共需要经过若干道工序。为此,公司特向职工征集关于实施各道工序及提高整体效益的最好方案。这里,每一道工序相当于待优化问题的一个参数,综合起来,也就是征求优化该问题的系统解。于是,每名职工都提出了各自的生产方案,其中包括各道工序的设想。这样,便自然形成了种群的初始化。然后,全体职工在商讨会上互相交流,总体效果好的方案受到较多关注,得到了大家的赞同而被保留;效果差的方案被当场否定而予以淘汰。这就如同遗传算法中的复制过程,好的方案获得更多的得票而被通过,不断被复

制推广。交叉过程则类似于职工们互相取长补短,以期找出最佳的生产方案。通过这一过程,使全体职工提出的方案从系统整体方面达到了一个更高的水平,系统性能和总体效益获得了优化与改进。

表 9-3 为该例在复制操作基础上,又进行了一种交叉操作而得到的结果。

表 9-3 复制、交叉操作的各项数据

编号	复制操作后的区配池	匹配号（随机选取）	交叉空隙位（随机选取）	交叉后新种群	新种群 x 值	适应值 $f(x)=x^2$
1	01101	2	2	01000	8	64
2	11000	1	2	11101	29	841
3	01000	4	4	11001	25	625
4	10011	3	4	10000	16	256
		总计($\sum$)				1786
		平均(A)				446.5
		最大值(MAX)				841

3. 变异

变异操作是以很小的概率随机地改变遗传基因的值,用来模拟生物在自然遗传环境中由于某种偶然因素引起的基因突变。一般来说,生物体通过遗传来传宗接代,生物体通过复制操作和交叉操作,往往使得后代与父辈非常相像;而变异使得后代与父辈不完全相像,它们都被用来适应外界环境,一代又一代优胜劣汰,发展进化。

具体来说,在以二进制编码表示的染色体数字符串中,随机地将染色体的某一个基因,即染色体的数字符串的某一位的数值,由 1 变成 0,或由 0 变成 1。

显而易见,若只有复制和交叉操作,不执行变异操作,就无法在初始基因组以外的空间进行搜索,可能使进化过程过早就陷入局部解而失去了某种特殊的进化途径,例如返祖现象,将使解的质量受到一定的限制。尽管变异的概率通常很小,一般只取千分之一二,但是变异操作增加了群体遗传基因类型的多样性,使搜索能在尽可能大的空间中进行,避免了丢失有用遗传信息,有可能获得更高质量的优化解答。

结合上例,设变异概率取为 0.001,则对于种群总共有 20 个基因位,期望的变异串位数为 $20 \times 0.001 = 0.02$(位),故一般来说,该例中无基因位数值的改变。

从表 9-2 和表 9-3 中可以看出,每经过一次复制、交叉和变异操作后,目标函数的最优值和平均值就会有所提高。例如在上例中,种群的平均适应值从 293 增至 446.5,最大的适应度数值从 576 增至 841。可见,每经过一次进化计算,问题的解答便向着最优方向前进了一步。若这个过程一直进行下去,就将最终走向全局的最优解。这里,进化计算的每一步操作非常简单,并且系统的求解过程是由计算方法与规律来决定的,与本源问题自身的特性很少相关。

9.3 经典遗传算法

遗传算法中包含了5个基本要素:参数编码、初始群体的设定、适应度函数的设计、遗传操作设计和控制参数设定,现对前4项进行详细介绍。

9.3.1 参数编码

由于遗传算法不能直接处理问题空间的参数,因此必须通过编码将要求解的问题表示成遗传空间的染色体或者个体,它们由基因按一定结构组成。由于遗传算法的鲁棒性,其对编码的要求并不苛刻。

1. 二进制编码

将问题空间的参数编码为一维排列的染色体的方法,称一维染色体编码方法。一维染色体编码中最常用的符号集是二值符号集{0,1},即采用二进制编码。

二进制编码的优点:它与生物染色体的组成类似,从而使算法易于用生物遗传理论来解释,并使得遗传操作如交叉和变异等很容易实现。另外,采用二进制编码时,算法处理的模式数最多。

2. 实数编码

对问题的变量是实向量的情形,可以直接采用实数编码。采用实数编码不必进行数制转换,可直接在解的表现型上进行遗传操作,从而可引入与问题领域相关的启发式信息来增强算法的搜索能力。

近年来,在使用遗传算法求解高维或复杂优化问题时一般使用实数编码。对于多参数优化问题的遗传算法,常采用多参数映射编码。其基本思想是把每个参数先进行二进制编码得到子串,再把这些子串连成一个完整的染色体。多参数映射编码中的每个子串对应各自的编码参数,所以可以有不同的串长度和参数的取值范围。

3. 有序串编码

对很多组合优化问题,目标函数的值不仅与表示解的字符串的值有关,而且与其所在字符串的位置有关。这样的问题被称为有序问题。用遗传算法求解有序问题时,传统的遗传操作将可能产生非法的后代。因此,对这类问题需要针对具体问题专门设计有效且能保证后代合法的遗传算子。这类编码方案较多地用在组合优化问题之中。

4. 结构式编码

在自然界生物进化过程中,染色体的长度不是固定不变的,越是高等的生物其染色体越长。基于这种机制,Goldberg等提出一种被称为 Messy GA(mGA)的遗传算法编码方法。

9.3.2 初始群体的设定

遗传算法是对群体进行操作的,所以必须为遗传操作准备一个由若干初始解组成的初始群体。群体设定主要包括以下两个方面:初始种群的产生和种群规模的确定。

1. 初始种群的产生

遗传算法中初始群体中的个体可以是随机产生的,但最好采用如下策略设定:

(1) 根据问题固有知识,设法把握最优解所占空间在整个问题空间中的分布范围,然后在此分布范围内设定初始群体。

(2) 先随机产生一定数目的个体,然后从中挑选最好的个体加到初始群体中。这种过程不断迭代,直到初始群体中个体数目达到了预先确定的规模。

2. 种群规模的确定

群体规模影响遗传优化的结果和效率。当群体规模太小时,遗传算法的优化性能一般不会太好,容易陷入局部最优解;而当群体规模太大时,则计算复杂。

群体规模的确定受遗传操作中选择操作的影响很大。模式定理表明:若群体规模为 M,则遗传操作可从这 M 个个体中生成和检测 M^3 个模式,并在此基础上能够不断形成和优化积木块,直到找到最优解。

显然,群体规模越大,遗传操作所处理的模式就越多,产生有意义的积木块并逐步进化为最优解的机会就越高。群体规模太小,会使遗传算法的搜索空间范围有限,因而搜索有可能停止在未成熟阶段,出现未成熟收敛现象使算法陷入局部解。因此,必须保持群体的多样性,即群体规模不能太小。

另一方面,群体规模太大会带来若干弊病:一是群体越大,其适应度评估次数增加,所以计算量也增加,从而影响算法效率;二是群体中个体生存下来的概率大多采用和适应度成比例的方法,当群体中个体非常多时,少量适应度很高的个体会被选择而生存下来,但大多数个体却被淘汰,这会影响配对库的形成,从而影响交叉操作。

9.3.3 适应度函数的设计

遗传算法遵循自然界优胜劣汰的原则,在进化搜索中基本上不用外部信息,而是用适应度值表示个体的优劣,作为遗传操作的依据。个体的适应度高,则被选择的概率就高,反之就低。适应度函数是用来区分群体中的个体好坏的标准,是算法演化过程的驱动力,是进行自然选择的唯一依据。改变种群内部结构的操作都是通过适应值加以控制的。因此,适应度函数设计非常重要。

1. 将目标函数映射成适应度函数的方法

最直观的方法是直接将待求解优化问题的目标函数作为适应度函数。

若目标函数为最大化问题,则适应度函数为

$$Fit(f(x)) = f(x)$$

若目标函数为最小化问题,则适应度函数为

$$Fit(f(x)) = \frac{1}{f(x)}$$

由于遗传算法中要比较个体的适应度进行排序,并在此基础上计算选择概率,所以适应度函数的值要取正值。但是在许多优化问题求解中,不能保证所有的目标函数值都有非负值。因此,采用问题的目标函数作为个体的适应性度量时,在不少场合必须将目标函数转换为求最大值的形式,而且保证函数值必须非负。

2. 适应度函数的尺度变换

在遗传算法中,将所有妨碍适应度值高的个体产生从而影响遗传算法正常工作的问题统称为欺骗问题。

在设计遗传算法时,群体的规模一般为几十到几百,与实际物种的规模相差很远。因此,个体繁殖数量的调节中遗传操作中就显得比较重要。如果群体中出现了超级个体,即该个体的适应值大大超过群体的平均适应值,则按照适应值比例进行选择时,该个体很快就会在群体中占有绝对的比例,从而导致算法较早地收敛到一个局部最优点,这种现象被称为过早收敛。这是一种欺骗问题。在这种情况下,应该缩小这些个体的适应度,以降低这些超级个体的竞争力。另一方面,在搜索过程的后期,虽然群体中存在足够的多样性,但群体的平均适应值可能会接近群体的最优适应值。在这种情况下,群体中实际上已不存在竞争,因而搜索目标也难以得到改善,出现了停滞现象。这也是一种欺骗问题。在这种情况下,应该改变原始适应值的比例关系,以提高个体之间的竞争。

对适应度函数值域的某种映射变换称适应度函数的尺度变换(fitness scaling)或者定标。

(1)线性变换

设原适应度函数为f,定标后的适应度函数为f',则线性变换可采用下式表示:

$$f' = af + b \tag{9-1}$$

式中,系数a和b可以有多种途径设定,但要满足两个条件:

①变换后的适应度的平均值f'_{avg}要等于原适应度平均值f_{avg},以保证适应度为平均值的个体在下一代的期望复制数为1,即

$$f'_{avg} = f_{avg} \tag{9-2}$$

②变换后适应度函数的最大值f'_{max}要等于原适应度函数平均值f_{avg}的指定倍数,以控制适应度最大的个体在下一代中的复制数。

$$f'_{max} = C_{mult} \cdot f_{avg} \tag{9-3}$$

式中,C_{mult}是为得到所期待的最优群体个体的复制数。实验表明,对于不太大的群体($n = 50 \sim 100$),C_{mult}可在1.2~2.0范围内取值。

根据上述条件,可以确定线性变换的系数。

$$a = \frac{(C_{mult} - 1)f_{avg}}{f_{max} - f_{avg}} \tag{9-4}$$

$$b = \frac{(f_{max} - C_{mult}f_{avg})f_{avg}}{f_{max} - f_{avg}} \tag{9-5}$$

线性变换法变换了适应度之间的差距,保持了种群的多样性,计算简便,易于实现。如

果种群里某些个体适应度远远低于平均值时有可能出现变换后适应度值为负的情况。为满足最小适应度值非负的条件，可以进行如下变换：

$$a = \frac{f_{avg}}{f_{avg} - f_{min}} \quad (9-6)$$

$$b = \frac{-f_{min}f_{avg}}{f_{avg} - f_{min}} \quad (9-7)$$

（2）幂函数变换

变换公式为

$$f' = f^K \quad (9-8)$$

式中，幂指数 K 与求解问题有关，而且在算法过程中可按需要修正。

（3）指数变换

变换公式为

$$f' = e^{-af} \quad (9-9)$$

这种变换方法的基本思想来源于模拟退火过程，式中的系数 a 决定了复制的强制性。其值越小，复制的强制性就越趋向于那些具有最大适应度的个体。

9.3.4 遗传操作设计

1. 选择

复制（reproduction）操作也被称为选择操作，是指从当前群体中按照一定概率选出优良的个体，使它们有机会作为父代繁殖下一代子孙。判断个体优良与否的准则是各个个体的适应度值。显然这一操作借用了达尔文适者生存的进化原则，即个体适应度越高，其被选择的机会就越大。选择操作的实现方法很多，这里介绍几种常用的选择方法。

（1）个体选择概率分配方法

在遗传算法中，哪个个体被选择进行交叉是按照概率进行的。适应度大的个体被选择的概率大，但不是说一定能够选上；同样，适应度小的个体被选择的概率小，但也可能被选上。所以，首先要根据个体的适应度确定被选择的概率。个体选择概率的常用分配方法有以下两种：

①适应度比例方法

适应度比例方法（fitness proportional model）也叫蒙特卡罗法（Monte Carlo），是目前遗传算法中最基本也是最常用的选择方法。在该方法中，各个个体被选择的概率与其适应度值成比例。设群体规模大小为 M，个体 i 的适应度值为 f_i，则这个个体被选择的概率为

$$p_i = \frac{f_i}{\sum_{i=1}^{M} f_i} \quad (9-10)$$

②排序方法

排序方法（rank-based model）是指计算每个个体的适应度后，根据适应度大小顺序对群体中个体进行排序，然后把事先设计好的概率按排序分配给个体，作为各自的选择概率。选择概率仅仅取决于个体在种群中的序位，而不是实际的适应度值。排在前面的个体有较

多的被选择的机会。

它的优点是克服了适应值比例选择策略的过早收敛和停滞现象,而且对于极大值或极小值问题,不需要进行适应值的标准化和调节,可以直接使用原始适应值进行排名选择。排序方法比比例方法具有更好的鲁棒性,是一种比较好的选择方法。

a. 线性排序

线性排序选择最初由 J. E. Baker 提出,他首先假设群体成员按适应值大小从好到坏依次排列为 $x_1, x_2, \cdots, x_N$,然后根据一个线性函数给第 i 个个体 x_i 分配选择概率 p_i

$$p_i = \frac{a - bi}{M(M + 1)} \tag{9-11}$$

式中,a 和 b 是常数。然后按类似于转盘式选择的方式选择父体以进行遗传操作。

b. 非线性排序

Z. Michalewicz 提出将群体成员按适应值从好到坏依次排列,并按下式分配选择概率:

$$p_i = \begin{cases} q(1-q)^{i-1} & i = 1, 2, \cdots, M-1 \\ (1-q)^{M-1} & i = M \end{cases}$$

式中　i——个体排序序号;

　　　q——一个常数,表示最好的个体的选择概率。

也可使用其他非线性函数来分配选择概率 p_i,只要满足以下条件:

a. 若 $P = \{x_1, x_2, \cdots, x_M\}$ 且 $f(x_1) \geq f(x_2) \geq \cdots \geq f(x_M)$,则分配的概率 p_i 满足 $p_1 \geq p_2 \geq \cdots \geq p_M$。

b. $\sum_{i=1}^{M} p_i = 1$。

(2) 选择个体方法

选择操作是指根据个体的选择概率确定哪些个体被选择进行交叉、变异等操作。基本的选择方法有:

① 转盘赌选择法

轮盘赌选择(roulette wheel selection)法在遗传算法中使用得最多。在轮盘赌选择法中先按个体的选择概率产生一个轮盘,轮盘每个区的角度与个体的选择概率成比例,然后产生一个随机数,它落入转盘的哪个区域就选择相应的个体交叉。显然,选择概率大的个体被选中的可能性大,获得交叉的机会就大。

在实际计算时,可以按照个体顺序求出每个个体的累积概率,然后产生一个随机数,它落入累积概率的哪个区域就选择相应的个体交叉。

② 锦标赛选择方法

锦标赛选择方法(tournament selection model)是指从群体中随机选择 k 个个体,将其中适应度最高的个体保存到下一代。这一过程反复执行,直到保存到下一代的个体数达到预先设定的数量为止。参数被 k 称为竞赛规模。

锦标赛选择方法的优点是克服了基于适应值比例选择和基于排序的选择在群体规模很大时,其额外计算量(如计算总体适应值或排序)很大的问题。它常常比转盘赌选择法得到更加多样化的群体。

显然,这种方式也使得适应值好的个体具有较大的生存机会。同时,由于它只使用适应值的相对值作为选择的标准,而与适应值的数值大小不成直接比例,从而也能避免超级个体的影响,一定程度上避免了过早收敛和停滞现象的发生。

作为锦标赛选择方法的一种特殊情况,随机竞争方法(stochastic tournament)是指每次按轮盘赌选择法选取一对个体,然后让这两个个体进行竞争,适应度高者获胜。如此反复,直到选满为止。

③(μ, λ) 和 $\mu + \lambda$ 选择

(μ, λ) 选择是指先从规模为 μ 的群体中随机选取个体通过重组和变异生成 $\lambda(\geq \mu)$ 个后代,然后再从这些后代中选取 μ 个最优的后代作为新一代种群。$\mu + \lambda$ 选择则是从这些后代与其变异体共 $\mu + \lambda$ 中选取 μ 个最优的后代。

④Boltzmann 锦标赛选择

首先在种群中随机选取两个个体 x_1, x_2,若 $|f(x_1) - f(x_2)| \geq \theta$ 则选择适应值好的作为胜者,否则计算概率 $p = \exp[-|f(x_1) - f(x_2)|/T]$,若 $p > \text{random}[0,1]$,选择差解,否则选择好解。这里,random[0,1]表示区间[0,1]上的一个均匀随机数,θ 和 T 是两个控制参数。θ 被称为阈值,是一个常数,而 T 则类似模拟退火算法中的温度,它随着演化的推进逐渐减小。

该算法的缺点在于,对具体的问题如何选择 T 及 θ 的冷却进度才能取得较好的结果是一个比较难的问题。

⑤最佳个体保存方法

最佳个体(best model)保存方法是把群体中适应度最高的个体不进行交叉而直接复制到下一代中,保证遗传算法终止时得到的最后结果一定是历代出现过的最高适应度的个体。使用这种方法能够明显地提高遗传算法的收敛速度。

2. 交叉

遗传算法中起核心作用的是交叉算子,也称基因重组(recombination)。采用的交叉方法应能够使父串的特征遗传给子串。子串应能够部分或者全部地继承父串的结构特征和有效基因。

(1)基本的交叉算子

①一点交叉

一点交叉(single-point crossover)又称简单交叉。其具体操作是:在个体串中随机设定一个交叉点,实行交叉时,该点前或后的两个个体的部分结构进行互换,并生成两个新的个体。

②二点交叉

二点交叉(two-point crossover)的操作与一点交叉类似,只是设置了两个交叉点(仍然是随机设定),将两个交叉点之间的码串相互交换。类似于二点交叉,可以采用多点交叉(multiple-point crossover)。

③均匀交叉

均匀交叉(uniform crossover)或一致交叉是指按照均匀概率抽取一些位,每一位是否被选取都是随机的,并且独立于其他位。然后将两个个体被抽取位互换组成两个新个体。基本的交叉算子还有洗牌交叉(shuffle crossover)、缩小代理交叉(crossover with reduced surrogate)等。

下面从模式角度分析点式交叉和均匀交叉算子的优缺点:

①点式交叉破坏模式的概率小,在搜索过程中能以较大的概率保护好的模式,但它能搜索到的模式数也较小。这样,在群体规模较小时,其搜索能力将受到一定的影响。

②均匀交叉在交换位时并不考虑其所在的位置,破坏模式的概率较大。但它能搜索到一些点式交叉无法搜索到的模式。因此,当群体规模较小时,使用均匀交叉比较合适;而当群体规模较大时,群体内在的多样性使得没有必要搜索更多的模式,可使用点式交叉以加快收敛的速度。

(2) 修正的交叉方法

由于交叉,可能出现不满足约束条件的非法染色体。为解决这一问题,可以采取构造惩罚函数的方法,但试验效果不佳,使本已复杂的问题更加复杂。另一种处理方法是对交叉、变异等遗传操作做适当的修正,使其自动满足优化问题的约束条件。例如,在 TSP 问题中采用部分匹配交叉(partially matched crossover,PMX)、顺序交叉(order crossover,OX)和循环交叉(cycle crossover,CX)等。这些方法对于其他一些问题也同样适用。

①部分匹配交叉 PMX

PMX 是由 Goldberg D. E. 和 R. Lingle 于 1985 年提出的。在 PMX 操作中,先依据均匀随机分布产生两个位串交叉点,定义这两点之间的区域为一匹配区域,并使用位置交换操作交换两个父串的匹配区域。例如,在任务排序问题中,两父串及匹配区域为

$$A = 9\ 8\ 4\ |\ 5\ 6\ 7\ |\ 1\ 3\ 2$$
$$B = 8\ 7\ 1\ |\ 2\ 3\ 9\ |\ 5\ 4\ 6$$

首先交换 A 和 B 的两个匹配区域,得到

$$A' = 9\ 8\ 4\ |\ 2\ 3\ 9\ |\ 1\ 3\ 2$$
$$B' = 8\ 7\ 1\ |\ 5\ 6\ 7\ |\ 5\ 4\ 6$$

显然,A' 和 B' 中出现重复的任务,所以是非法的调度。解决的方法是将 A' 和 B' 中匹配区域外出现的重复任务,按照匹配区域内的位置映射关系进行交换,从而使排列成为可行调度。

$$A'' = 7\ 8\ 4\ |\ 2\ 3\ 9\ |\ 1\ 6\ 5$$
$$B'' = 8\ 9\ 1\ |\ 5\ 6\ 7\ |\ 2\ 4\ 3$$

②顺序交叉(OX)

与 PMX 相似,Davis L. 于 1985 年提出了一种 OX 法。在 A 和 B 中选择匹配区域,然后根据匹配区域的映射关系,在其区域外的相应位置标记 H,得到

$$A' = H\ 8\ 4\ |\ 5\ 6\ 7\ |\ 1\ H\ H$$
$$B' = 8\ H\ 1\ |\ 2\ 3\ 9\ |\ H\ 4\ H$$

再移动匹配区至起点位置,且在其后预留相等于匹配区域的空间(H 数目),然后将其余的码按其相对次序排列在预留区后面,得到

$$A'' = 5\ 6\ 7\ |\ H\ H\ H\ |\ 1\ 8\ 4$$
$$B'' = 2\ 3\ 9\ |\ H\ H\ H\ |\ 4\ 8\ 1$$

最后将父串 A 和 B 的匹配区域相互交换,并放置到 A'' 和 B'' 的预留区内,即可得到两个子代:

$$A''' = 5\ 6\ 7\ |\ 2\ 3\ 9\ |\ 1\ 8\ 4$$
$$B''' = 2\ 3\ 9\ |\ 5\ 6\ 7\ |\ 4\ 8\ 1$$

③循环交叉(CX)

1985 年,Smith D. 提出的 CX 方法与 PMX 方法和 OX 方法有不同之处。CX 是以父串的

特征作为参考,使 TSP 问题中每个城市在约束条件下进行重组。

采用较大的交叉概率 P_c 可以增强遗传算法开辟新的搜索区域的能力,但高性能模式遭到破坏的可能性增加。采用太低的交叉概率会使搜索陷入迟钝状态。P_c 一般取为 0.25~1.00。

(3)实数编码的交叉方法

对于实数编码,可以采用下列交叉方法:

①离散交叉

离散交叉(discrete crossover)分为部分离散交叉和整体离散交叉。

部分离散交叉是在父解向量中选择一部分分量(如一个分量或从某分量以后的所有分量),然后交换这些分量,这相当于二进制的点式交叉。

整体离散交叉则以 0.5 的概率交换父体 s_1 与 s_2 的所有分量,这有点像二进制编码的均匀性交叉,通过生成模板的形式来实现。

②算术交叉

算术交叉(arithmetical crossover)可分为部分算术交叉和整体算术交叉。

部分算术是先在父解向量中选择一部分分量,如第 k 个分量以后的所有分量,然后生成 $n-k$ 个 $[0,1]$ 区间的随机数,并将两个后代定义为

$$s_z = [v_1^{(1)}, \cdots, v_k^{(1)}, a_{k+1}v_{k+1}^{(1)} + (1-a_{k+1})v_{k+1}^{(2)}, \cdots, a_n v_n^{(1)} + (1-a_n)v_n^{(2)}]$$
$$s_w = [v_1^{(2)}, \cdots, v_k^{(2)}, a_{k+1}v_{k+1}^{(2)} + (1-a_{k+1})v_{k+1}^{(1)}, \cdots, a_n v_n^{(2)} + (1-a_n)v_n^{(1)}] \quad (9-12)$$

这里,可取 $a_{k+1} = \cdots = a_n$。从而只需要生成一个随机数。

整体算术交叉是先生成 n 个区间的随机数,则后代分别定义为

$$z_i = a_i v_i^{(1)} + (1-a_i) v_i^{(2)} = v_i^{(2)} + a_i (v_i^{(1)} - v_i^{(2)})$$
$$w_i = a_i v_i^{(2)} + (1-a_i) v_i^{(1)} = v_i^{(1)} + a_i (v_i^{(2)} - v_i^{(1)}) \quad (9-13)$$

这里同样可取 $a_1 = a_2 = \cdots = a_n$。

3. 变异

变异的主要目的是维持群体的多样性,为选择、交叉过程中可能丢失的某些遗传基因进行修复和补充。变异算子的基本内容是对群体中的个体串的某些基因座上的基因值作变动。变异操作是按位进行的,即把某一位的内容进行变异。主要变异方法有:

(1)整数编码的变异方法

①位点变异

位点变异是指对群体中的个体码串,随机挑选一个或多个基因座,并对这些基因座的基因值以变异概率 P_m 作变动。对于二进制编码的个体来说,若某位原为 0,则通过变异操作就变成了 1,反之亦然。对于整数编码,将被选择的基因变为以概率选择的其他基因。为了消除非法性,将其他基因所在的基因座上的基因变为被选择的基因。

②逆转变异

在个体码串中随机选择两点(称逆转点),然后将两个逆转点之间的基因值以逆向排序插入到原位置中。

③插入变异

在个体码串中随机选择一个码,然后将此码插入随机选择的插入点中间。

④互换变异

随机选取染色体的两个基因进行简单互换。

⑤移动变异

随机选取一个基因,向左或者向右移动一个随机位数。

⑥自适应变异

与位点变异的操作内容类似,唯一不同的是变异概率 P_m 不是固定不变的,而是随群体中个体的多样性程度而自适应调整。

在遗传算法中,变异属于辅助性的搜索操作。变异概率 P_m 一般不能大,以防止群体中重要的、单一的基因可能被丢失。事实上,变异概率太大将使遗传算法趋于纯粹的随机搜索。通常取变异概率 P_m 为 0.001 左右。

(2) 实数编码的变异方法

对于实数编码,可以采用下列变异方法:

①均匀性变异

设 $s = (v_1, v_2, \cdots, v_k, \cdots, v_n)$ 是父解,$s' = (v_1, v_2, \cdots, v'_k, \cdots, v_n)$ 是变异产生的后代。均匀性变异则是先在父解向量中随机地选择一个分量,假设是第 k 个,然后在区间 $[a_k, b_k]$ 中以均匀概率随机选择一个数 v'_k 代替 v_k 以得到 s',即

$$s' = \begin{cases} v_i & i \neq k \\ v'_k & i = k \end{cases} \quad (9-14)$$

也可以先确定一些较小的区间 $[-A_i, A_i]$, $i = 1, 2, \cdots, n$,对 v_k 变异时,均匀随机地在 $[-A_i, A_i]$ 中取一个数 y,并令 $v'_k = v_k + y$。这里 A_i 被称为变异域,一般取区间 $[a_i, b_i]$ 长度的某个百分比,如取 $A_i = 0.1(b_i - a_i)$。

②正态性变异

设群体中的一个个体由一个解向量 $s = (v_1, v_2, \cdots, v_n)$ 和一个摄动向量 $\delta = (\delta_1, \delta_2, \cdots, \delta_n)$ 组成。这个摄动向量是变异解向量的控制参数,并且它自己也不断要进行变异。假设 (s, δ) 是被选个体,正态性变异(normal distributed mutation)是按下式变异获得新个体 (s', δ'):

$$\delta'_i = \delta_i \exp(N_i(0, \Delta\delta)) \quad (9-15)$$
$$v'_i = v_i + N(0, \delta'_i) \quad i = 1, 2, \cdots, n$$

式中,$\Delta\delta \in R$ 被称为二级步长控制参数;$N_i(0, \Delta\delta)$ 是相互独立的均值为 0、方差为 $\Delta\delta$、符合正态分布的随机数。在进行解向量 s 的变异之前,首先要对标准差进行变异。

③非一致性变异

在传统的遗传算法中,算子的作用与代数没有直接关系。因此,当算法演化到一定代数以后,由于缺乏局部搜索,传统的遗传算子将很难获得好的收益。基于上述原因,Z. Michalewicz 首先提出将变异算子的结果与演化代数联系起来。在演化初期,变异范围相对较大,而随着演化的推进,变异范围越来越小,起着一种对演化系统的微调作用。其算法如下:

设 $s = (v_1, v_2, \cdots, v_k, \cdots, v_n)$ 是一个父解,分量 v_k 被选择进行变异,其定义区间是 $[a_k, b_k]$,则变异后的解为 $s' = (v_1, v_2, \cdots, v'_k, \cdots, v_n)$,其中

$$v'_k = \begin{cases} v_k + \Delta(t, b_k - v_k), & md(2) = 0 \\ v_k + \Delta(t, b_k - a_k), & md(2) = 1 \end{cases} \quad (9-16)$$

式中，$md(2)$ 表示将随机均匀地产生的正整数模 2 所得的结果；t 为当前演化代数；而函数 $\Delta(t,y)$ 的值域为 $[0,y]$，并使得当 t 增大时 $\Delta(t,y)$ 接近于 0 的概率增加，即 t 的值越大，$\Delta(t,y)$ 取值接近于 0 的值可能性越大，从而使得算法在演化初期能搜索到较大范围，而在后期主要是局部搜索。$\Delta(t,y)$ 函数的具体表达式可取为

$$\Delta(t,y) = y(1 - r^{(1-t/T)^\lambda}) \qquad (9-17)$$

式中，r 是 $[0,1]$ 上的一个随机数；T 表示最大代数；λ 是决定非一致性程度的一个参数，它起着调整局部搜索区域的作用，其取值一般为 2 到 5。

④ 自适应变异

尽管非一致性变异加强了算法的局部搜索能力，但局部搜索的范围只与演化代数有关，而与解的质量无关。无论解的质量好或者坏，其搜索范围都是相同的。更为合理的算法应该使适应值大的个体在较小的范围内搜索，而适应值小的个体在较大范围内搜索。基于此，首先引入解的变异温度的概念，定义如下：

设 $s = (v_1, v_2, \cdots, v_n)$ 是解空间的一个向量，$f(s)$ 是它的适应值，f_{max} 是所解问题的最大适应值，则其变异温度可定义为

$$T = 1 - \frac{f(s)}{f_{max}} \qquad (9-18)$$

由于很多问题是很难确定的，可用当前群体中的最大适应值作为 f_{max}。

自适应变异方式与非一致性变异算子相同，只是将其中的演化代数 t 改为 T，函数表达式变为

$$\Delta(T,y) = y(1 - r^{T^\lambda}) \qquad (9-19)$$

9.4 高级遗传算法

基本遗传算法即经典遗传算法，又常被人们称为标准遗传算法(standard genetic algorithms, SGA)。SGA 仅通过复制、交叉、变异 3 种操作来选择遗传个体。交叉的概率不能太大，否则将导致收敛到局部极值；变异的概率一般也只能取比较小的数值，大约选为 0.001～0.1，否则可能引起不稳定。因此，经典遗传算法很难使过程系统收敛到全局最优点。

随着进化计算研究的发展，人们在基本遗传算法的基础上提出了多种选择方法和改进的遗传运算，形成了各种效率和收敛性能更优且较为复杂的遗传运算，称高级遗传算法(refine genetic algorithms, RGA)。

下面首先介绍若干改进的选择方法，进而从总体性能改进方面来讨论高级遗传运算。

9.4.1 选择方法的改进

在基本遗传算法中，虽然使适应度高的染色体具有较高的复制概率，能够可靠地产生较优的后代，而那些适应度低的染色体复制概率也很低，甚至被淘汰。但是，这种简单的方法引起的潜在问题是可能造成随机误差，即种群中最好的、有潜质基因的个体，可能产生不了后代。为此，学者们提出以下几种选择方法，可在一定程度上避免轮盘赌选择法所带来

的随机误差。

1. 精英保护法

其是指为了保护每代种群中最优秀的个体,可以把种群中最优秀的个体挑选出来,直接复制到下一代中去,这种方法又称精英选择法。精英选择法成功地改善了遗传算法的局部搜索特性,可以防止优秀个体由于复制、交叉或变异中的偶然因素而被破坏掉,这也是一种增强算法稳定性和收敛性的有效方法。但是,实施精英选择法时,应注意避免使进化计算陷入局部极值,导致丧失了算法从全局范围中搜索得到最优解的机会。

2. 自适应变异概率选择法

如果双亲的基因十分接近,则所产生的后代相对于双亲也必然非常相似,导致了群体基因模式的单一性,这种现象被称为"近亲繁殖"。近亲繁殖现象不仅使进化历程减慢而停滞不前,还会导致计算过程过早地收敛于局部的极值解。Darrel Wnitly研究了这种情况的发生,提出了一种自适应变异概率的选择方法:在进行交叉操作之前,首先以海明(Hamming)距离测定双亲基因码的差异,再根据测定值决定后代的变异概率 P_m。例如,当双亲的差异较小时,则选取较大的变异概率 P_m。这样,当群体中的个体过于趋于一致时,就可以通过增加变异率来提高群体的多样性;反之,当群体已具备较强的多样性时,则减小变异率,从而不致破坏优良的个体。因此,采用自适应变异概率选择法,也即增强了算法自身维持全局的搜索能力。

3. 部分个体的替换选择法

设 P_G 为上一代进化到下一代时所选择的替换比例,则按此比例,可以选择部分新的个体来取代原来的一些个体,而其他的部分个体则直接进入下一代。这样,所选择的 P_G 越大,则进化得越快,但算法的稳定性和收敛性将受到影响;而选择的 P_G 越小,算法的稳定性较好,但进化速度将变慢。因此,应适当兼顾运行速度与稳定性、收敛性之间的协调平衡。

4. 概率式确定选择法

在概率式确定选择后代的方法中,共包括有常规概率式分配后代数目选择法、置换式余数随机选择法和非置换式余数随机选择法3种方式。

为了确定种群染色体 A_i 的后代数,3种方法都依据如下公式进行计算:

$$e_i = nP_S = f_i / \sum f_i$$

这样,在后代种群中,每一染色体可以按照 e_i 的整数部分来分配所产生的后代数目。常规概率式分配后代数目选择法是按照排序表来自高至低进行填充种群的其余部;置换式余数随机选择法则依照 e_i 的余数部分来计算轮盘赌选择法的加权值,以补足种群的总数;非置换式余数随机选择法采取以 e_i 的余数部分为概率的方法来选择其余的后代,直至种群的总数达到 n。

例如,在采用非置换式余数随机选择法时,设有一个具有期望复制值为1.5的染色体,它首先按照整数 l 来复制产生一个后代,然后以0.5的概率产生另一个后代。实验表明,该方法比前两种方法更加简单易行。因此,非置换式余数随机选择法在工程领域中得到了广泛应用。

5. 按排序函数的选择法

排序过程是选择方法中的非参数过程。在排序法中,种群按适应度函数排序,个体所能复制的后代数目按照它们级别函数来分配。特殊情况下,个体的期望数目 e_i 可按如下公式来计算:

$$e_i = -\frac{2(\lambda_{max} - 1)}{n-1}\text{rank}(i) + 1 + \frac{(n+1)(\lambda_{max} - 1)}{n-1}$$

式中,λ_{max} 是用户定义的值,$1 \leqslant \lambda_{max} \leqslant 2$,$n$ 是种群的规模,e_i 的范围为 $[2-\lambda_{max}, \lambda_{max}]$。

6. 移民算法

为了加速淘汰差的个体以及引入个体多样性,学者们提出了一种移民算法。为了淘汰上一代中那些低适应度的个体,除了可用交叉操作产生新的个体来做替补外,还可以按移民的方法,引入一定比例的外来个体,用以替换上一代中那些低适应度的个体。采用这种方法,就能够不断地促进每一代种群平均适应度的提高。一般来说,低适应度的个体很难被保存至下一代,但低适应度的个体中也可能包含着一些有潜质基因的图式,故这种方法在引入外来移民的同时,可能因为抛弃了有潜质的低适应度个体而又减少了个体的多样性。因此,这里还需要适当地协调控制所引入外来移民的比例。

7. 分布式遗传算法

可将一个大的种群按照基因图式结构的不同分为若干小的种群(或称子群),且由于它们各自的遗传过程具有相对的独立性和封闭性,所以进化的方向也会略有差异。这样,在保证搜索充分性的同时,可使收敛的结果趋于全局最优。另一方面,在不同的个体及种群之间,还可以定期地选送一定比率的优良个体进行迁移,即把每个子群中最优的若干个体,轮流选送到其他种群中,目的在于使各个种群能共享优良的基因图式母体,提高种群的整体素质,防止小范围的近亲繁殖及某些种群收敛于局部极值。

分布式遗传算法使各种群之间既有相关的独立性和封闭性,又有必要的交流和沟通,模拟了生物进化过程中的基因隔离和基因迁移。实验结果研究表明,在总的种群数相同的情况下,实施分布式遗传算法,能够取得比单一种群遗传算法更好的效果。

9.4.2 遗传算法的改进

1. 一个改进的遗传算法生物模型

比照自然界中生物(例如人类那样)繁衍生息的现象,我们假想它对应了一个遗传算法的生物模型,并以之来进行分析和完成改进。遗传算法的第一项操作是选择(复制),反映了现实世界中一个种群遭遇生存环境的自然选择及其优胜劣汰的发展现象;第二项操作是交叉,相当于生物的繁殖现象,如同人类的结婚和生育;第三项操作是变异,相当于自然界中偶然出现的各种奇怪的异常现象,例如人类偶尔出现的返祖变异。由于遗传算法能够不断地对图式进行各种操作,也就使之不断地产生出更加优良的个体,促使种群如同人类那样不断地向前进化。

对于一个标准的遗传算法,当种群从初始代开始,设定了各项参数,经过若干次的进化计算后,逐渐也会达到平衡态。这时,由于该遗传算法受所设置初始种群的特性及遗传参数的限制,也会使得某些基因特性得以发挥而抑制了另一些优良图式的基因特性,就会使各个位置的基因未能得到平等的竞争机会,从而影响了进化进程,以至该种群再不能进化到最高最优良状态,也就是说,未加改进的遗传算法有可能只收敛到局部的极值而没能达到全局最优解。

事实上,全世界每个民族都有各自的优缺点,为了使人类不断地产生出各方面素质都十分优秀的个体,应该使各民族之间定期地大量移民和通婚,这样就可以打破各个民族的平衡状态而推动他们达到更高层次的平衡态,使整个人类种群向前进化。现实生活中的例子可在生物学家的实验室中找到,他们为了改良动植物的品种,常常采用杂交、嫁接等措施。而在我们人类中这样的现象却是不多见的。从另一个角度来说,人类历史上连绵不断的种族战争,虽然战争现象令人憎恶,战争给人民带来了苦难,但是也可以将其看成是改进遗传算法的一个现实模型:战争猛烈地打破了民族的平衡态,其结果是征服者赶走了失败者,并通过移民占领了原属于被征服者的领土,实现了民族之间的移民、通婚及其发展进步。可见,战争在客观上促进了人类的进化。当然,人们不能因此来美化战争,因为人类的进化历程,可以通过民族之间的自由通婚与和平移民的方式来完成。

2. 高级遗传基因运算

有两类关于基因的典型高级遗传运算:一种是被称为多点交换的微运算,另一种是叫作重组运算的宏运算。这里所说的微运算是在染色体级别上进行的运算,而宏运算则是在种群级别上完成的运算。下面仅就前者(即关于多点交换的基因微运算)加以介绍。

所谓多点交换运算,是一种关于基因的微运算,它是单点交换微运算的推广。交换运算的目的是把分布在父辈染色体中性能优良的多个基因,遗传到下一代染色体中。但是,在许多情况下,仅实施一点交换运算时,无法达到这个目的。例如,设有两个父辈染色体 J_1 及 J_2

$$J_1:10100001100$$

$$J_2:01011101001$$

设 J_1 含有性能优良的基因图式块 1×1 及 ××0;J_2 中含有性能优良的图式块 1×1 及 I××1。若对 J_1 和 J_2 进行一点交换运算,则无论交换点选在何处,都可能使这些优良图式块被分割或丢弃,以至不能遗传到下一代。而采用二点交换就可以解决这个问题。设两个交换点选择如下(|表示交换点):

$$J_1:1010|0001|100$$

$$J_2:0101|1101|001$$

则二点交换运算就是交换 J_1 与 J_2 两个交换点之间的部分,这样,得到两个子孙染色体 J_1' 及 J_2' 如下:

$$J_1':1010|1101|100$$

$$J_2':0101|0001|001$$

于是,子孙染色体 J_1' 继承了父辈染色体中全部性能优良的基因图式块。另外一种多点交换运算的方法是:选择两个父辈染色体并产生两个子辈染色体,按照随机产生的模板,随机地选择某些位父辈染色体进行交换。

显然,多点交换比单点交换具有能更好地保持优良图武的优越性。

至于重组宏运算,是指区别于染色体级别上完成的一种种群级别上的遗传运算。重组宏运算考虑了自然界中种族间演变的现象,又称种群之间的特化作用,类似前述的生物模型形成的作用过程。

参 考 文 献

[1] RUSSELL S J,NORVIG P. 人工智能:一种现代的方法[M]. 3版. 北京:清华大学出版社,2013.

[2] LUGER G F. 人工智能:复杂问题求解的结构和策略[M]. 6版. 北京:机械工业出版社,2010.

[3] NEGNEVITSKY M. 人工智能 智能系统指南[M]. 3版. 北京:清华大学出版社,2013.

[4] KURZWEIL R. 人工智能的未来[M]. 杭州:浙江人民出版社,2016.

[5] 柴玉梅,张坤丽. 人工智能[M]. 北京:机械工业出版社,2012.

[6] KYAW A S. Unity 3D 人工智能编程[M]. 北京:机械工业出版社,2015.

[7] 贲可荣,张彦铎. 人工智能[M]. 2版. 北京:清华大学出版社,2013.

[8] 丁世飞. 人工智能[M]. 2版. 北京:清华大学出版社,2015.

[9] 周志华. 机器学习[M]. 北京:清华大学出版社,2016.

[10] 王万良. 人工智能及其应用[M]. 北京:高等教育出版社,2005.

[11] 李长河. 人工智能及其应用[M]. 北京:机械工业出版社,2006.

[12] 廉师友. 人工智能技术导论[M]. 西安:西安电子科技大学出版社,2007.

[13] 蔡自兴. 人工智能基础[M]. 北京:高等教育出版社,2005.

[14] 朱福喜,汤怡群,傅建明. 人工智能原理[M]. 武汉:武汉大学出版社,2002.

[15] 邵军力,张景,魏长华. 人工智能基础[M]. 北京:电子工业出版社,2000.

[16] 刘凤岐. 人工智能[M]. 北京:机械工业出版社,2011.

[17] 陈世福,陈兆乾. 人工智能与知识工程[M]. 南京:南京大学出版社,2003.

[18] 蔡自兴,徐光佑. 人工智能及其应用[M]. 北京:清华大学出版社,2004.

[19] 刘峡壁. 人工智能导论[M]. 北京:国防工业出版社,2008.

[20] 林尧瑞,马少平. 人工智能导论[M]. 北京:清华大学出版社,2000.

[21] 刘峡壁. 人工智能导论:方法与系统[M]. 北京:国防工业出版社,2008.

[22] HAN J W,KAMBER M,PEI JIAN. 数据挖掘[M]. 北京:机械工业出版社,2012.

[23] SEGARAN T. Programming Collective Intelligence[M]. 北京:国防工业出版社,2009.

[24] MANNING C D,SCHüTZE H. Foundations of Statistical Natural Language Processing[M]. Massachusetts:The MIT Press,1999.

[25] HASTIE T,TIBSHIRANI R,FRIEDMAN J. The Elements of Statistical Learning[M]. Berlin:Springer,2008.